Introdução à cosmetologia:

a ciência por trás do aprimoramento estético

George Hideki Rossini Sakae

Rua Clara Vendramin, 58 | Mossunguê
CEP 81200-170 | Curitiba-PR | Brasil
Fone: (41) 2106-4170
www.intersaberes.com
editora@intersaberes.com

Conselho editorial
- Dr. Alexandre Coutinho Pagliarini
- Dr.ª Elena Godoy
- Dr. Neri dos Santos
- M.ª Maria Lúcia Prado Sabatella

Editora-chefe
- Lindsay Azambuja

Gerente editorial
- Ariadne Nunes Wenger

Assistente editorial
- Daniela Viroli Pereira Pinto

Preparação de originais
- Monique Francis Fagundes Gonçalves

Edição de texto
- Caroline Rabelo Gomes
- Palavra do Editor

Capa e projeto gráfico
- Luana Machado Amaro (*design*)
- ARTFULLY PHOTOGRAPHER/ Shutterstock (imagem de capa)

Diagramação
- Fabio Vinicius da Silva

Designer responsável
- Charles L. da Silva

Iconografia
- Regina Claudia Cruz Prestes

Dados Internacionais de Catalogação na Publicação (CIP)
(Câmara Brasileira do Livro, SP, Brasil)

Sakae, George Hideki Rossini
   Introdução à cosmetologia : a ciência por trás do aprimoramento estético / George Hideki Rossini Sakae. -- Curitiba, PR : InterSaberes, 2025. -- (Série química em processo)

   Bibliografia.
   ISBN 978-85-227-1610-4

   1. Cosméticos 2. Cuidados com a beleza I. Título. II. Série.

24-224902   CDD-646.726

Índices para catálogo sistemático:
1. Beleza : Cuidados : Cosmetologia   646.726

Cibele Maria Dias – Bibliotecária – CRB-8/9427

1ª edição, 2025.

Foi feito o depósito legal.

Informamos que é de inteira responsabilidade do autor a emissão de conceitos.

Nenhuma parte desta publicação poderá ser reproduzida por qualquer meio ou forma sem a prévia autorização da Editora InterSaberes.

A violação dos direitos autorais é crime estabelecido na Lei n. 9.610/1998 e punido pelo art. 184 do Código Penal.

Sumário

Apresentação 6

Como aproveitar ao máximo este livro 11

Capítulo 1

A cosmetologia e o mercado cosmético 14

1.1 Panorama atual da indústria de cosmetologia 17

1.2 Análise das preferências do consumidor e mudanças nos padrões de consumo 20

1.3 Desafios e oportunidades no mercado de cosmetologia 23

1.4 Exploração das oportunidades emergentes 26

1.5 Impacto da pandemia na indústria de cosmetologia 28

1.6 Tendências futuras em cosmetologia 30

1.7 Inovações tecnológicas aplicadas a produtos de beleza 31

1.8 Crescimento global da indústria de cosmetologia 33

1.9 Histórico da cosmetologia no Brasil e no mundo 34

1.10 Legislação em cosmetologia 49

1.11 Principais conceitos em cosmetologia 56

1.12 Classificação de produtos cosméticos 67

Capítulo 2

Comprovação de segurança de produtos cosméticos 84

2.1 Principais testes laboratoriais para a segurança de produtos cosméticos 85

2.2 A bioquímica e a cosmetologia 90

2.3 A cosmetologia como área da química 96

2.4 Principais componentes utilizados na indústria de cosméticos 104

Capítulo 3
Cosméticos e características da pele 118

3.1 A pele: uma barreira protetora e reguladora 119
3.2 Estrutura da pele 122
3.3 Classificação do tipo de pele e sua relação com a cosmetologia 129
3.4 A pele é única: adaptando produtos cosméticos para suas necessidades 133
3.5 A pele e a absorção de substâncias 135
3.6 A pele como espelho da saúde geral 139

Capítulo 4
Biologia cutânea 151

4.1 Cromobiologia cutânea 152
4.2 Influência dos hormônios na pele 158
4.3 Efeitos do tabagismo na pele 162
4.4 Fundamentos da corneoterapia 165
4.5 Sinergia dos produtos cosméticos 170
4.6 Tratamentos direcionados: abordagem da aplicação de tratamentos específicos 173

Capítulo 5
Ativos de cosméticos 179

5.1 Análise das principais características de ativos para a região dos olhos 180
5.2 Análise das principais características de ativos clareadores 186
5.3 Ativos para pele oleosa e acneica 189
5.4 Diferenças entre a pele do corpo e a pele facial 191
5.5 Ativos anticelulite e firmadores 196
5.6 Processo de envelhecimento da pele 197
5.7 Ingredientes ativos na redução de rugas e na melhoria da elasticidade e da firmeza da pele 199

Capítulo 6
Principais características dos cosméticos 206
6.1 Importância da hidratação e do alívio da pele 207
6.2 Óleos naturais e ingredientes botânicos 210
6.3 Neurocosméticos e seus usos 212
6.4 Cosméticos de cuidados com a pele 216
6.5 Cosméticos para cuidados capilares: funções e ingredientes 218
6.6 Maquiagem e cosméticos decorativos 219
6.7 Cosméticos para o corpo e produtos de higiene pessoal 221
6.8 Perfumes e fragrâncias: o mundo dos aromas 223
6.9 Nutricosméticos: a ciência da beleza nutricional 225
6.10 Raios solares, fator de proteção solar e tempo de exposição ao sol 228

Considerações finais 236
Referências 238
Respostas 243
Sobre o autor 260

Apresentação

A cosmetologia é uma disciplina multifacetada que, de maneira intrínseca, dedica-se à pesquisa, ao estudo, ao desenvolvimento e à aplicação de práticas voltadas para o cuidado da aparência pessoal. No cerne da cosmetologia reside uma compreensão profunda de processos biológicos, químicos e estéticos que governam a fisiologia humana, com foco na pele, no cabelo e nas unhas. Este material visa, portanto, fornecer um exame científico da cosmetologia e destacar a importância que desempenha no contexto relacionado à autoimagem e à autoestima.

A cosmetologia, como uma disciplina científica, transcende a percepção superficial do mero embelezamento. Seu escopo envolve uma análise detalhada da anatomia e da fisiologia da pele, do sistema capilar e da estrutura das unhas, considerando seu funcionamento, seu desenvolvimento e seus ciclos biológicos. A compreensão profunda desses aspectos é imperativa para a aplicação precisa e segura de produtos e técnicas cosméticas.

A relevância da cosmetologia para a autoimagem e a autoestima se desdobra a partir do reconhecimento de que a aparência pessoal assume um papel vital na construção da autoestima e da autoconfiança do indivíduo. Com efeito, as pessoas procuram melhorar sua aparência por razões variadas, associadas à saúde, à estética ou ao bem-estar, e a cosmetologia busca fornecer as ferramentas e as técnicas necessárias para alcançar esses objetivos.

O impacto da cosmetologia na autoestima é evidente em sua capacidade de corrigir imperfeições, tratar condições dermatológicas e realçar a estética pessoal. Quando os indivíduos se sentem confortáveis e satisfeitos com sua aparência, sua autoestima é fortalecida, o que, por sua vez, pode influenciar positivamente suas interações sociais, sua saúde mental e sua qualidade de vida.

À medida que avançarmos em nossa abordagem, vamos explorar a cosmetologia em sua plenitude, abrangendo sua evolução histórica, a ciência por trás de produtos e tratamentos cosméticos, uma análise aprofundada de tipos de pele e cabelo, bem como uma compreensão holística das práticas éticas e profissionais.

O estudo da história da cosmetologia revela uma narrativa intrincada, que mapeia a progressão das práticas de aprimoramento da estética e a busca pela melhoria da aparência ao longo de um extenso período. Aqui vamos apresentar uma análise científica e acadêmica desse percurso, o qual tem início com tradições antiquíssimas e culmina nos avanços modernos que têm fundamentado a cosmetologia contemporânea.

Desde tempos imemoriais, a preocupação com a estética pessoal tem sido uma constante na história. A Antiguidade egípcia, grega e romana documenta o emprego de uma variada gama de formulações cosméticas, cujo propósito era realçar a beleza e, simultaneamente, refletir o *status* social dos indivíduos. Desde a utilização de óleos perfumados até a produção de perucas e maquiagem elaboradas, a busca pela estética desempenhou um papel significativo na conformação da cultura e das normas sociais.

À medida que a cronologia avança, a cosmetologia também experimenta evoluções substanciais. Durante a Idade Média, a influência da Igreja e a ascensão do pensamento puritano resultaram na diminuição do emprego de produtos de beleza. No entanto, o Renascimento testemunhou o ressurgimento do interesse pela estética e pelo uso de cosméticos, concomitantemente ao florescimento das artes, da ciência e da moda.

O início do século XX marcou uma virada significativa na cosmetologia com o advento de produtos cosméticos modernos. A criação de formulações como cremes e loções, aliada ao surgimento de produtos de beleza em escala industrial, revolucionou o paradigma de cuidado da aparência pessoal. A indústria da beleza se consolidou, e os salões de beleza emergiram como um elemento proeminente nas áreas urbanas.

No decorrer das últimas décadas, os progressos nos domínios científico e tecnológico têm propiciado o desenvolvimento de produtos de alta eficácia e personalizados. Atualmente, a cosmetologia representa uma indústria global em expansão, caracterizada pela contínua pesquisa e pelo desenvolvimento de novas formulações, tratamentos e práticas sustentáveis.

Ao explorarmos a história da cosmetologia, fica evidente que os cuidados com a beleza não se revelam meramente como reflexo das tendências culturais, mas como um elemento inerente à experiência humana. Desde os rituais de aprimoramento estético do Egito Antigo até os produtos inovadores da era contemporânea, a cosmetologia se apresenta como uma disciplina que desempenha um papel determinante na forma como os indivíduos se expressam e interagem com a própria imagem.

No prosseguimento deste livro, manteremos a abordagem erudita da história da cosmetologia, analisando as inovações, os produtos e as tendências que modelaram nossa busca pela beleza ao longo do tempo. Esta é uma jornada que lança luz sobre a interseção da cultura, da ciência e da autoexpressão, destacando o contínuo desenvolvimento da cosmetologia à medida que a sociedade progride.

O Capítulo 1 apresentará uma visão abrangente da indústria de cosmetologia, destacando as tendências atuais, como o uso de ingredientes naturais e orgânicos, a personalização de produtos e a beleza sustentável. Abordaremos também as preferências dos consumidores e as mudanças nos padrões de consumo, bem como os desafios e a oportunidades no mercado, incluindo as regulamentações governamentais e a preocupação com a sustentabilidade ambiental. Destacaremos ainda o impacto da pandemia e as tendências futuras, como a digitalização e a personalização de produtos.

No Capítulo 2, descreveremos os principais testes laboratoriais necessários para garantir a segurança dos produtos cosméticos, incluindo testes de estabilidade, de irritação cutânea e de sensibilização. Explicaremos a importância da bioquímica na cosmetologia, ressaltando como a química é fundamental para a formulação e a análise dos produtos da área, como hidratantes, conservantes e fragrâncias.

Já o Capítulo 3 terá como foco a anatomia e a fisiologia da pele, explicitando suas funções e estruturas. Apresentaremos a classificação dos tipos de pele e suas necessidades específicas, além dos processos de absorção cutânea e as principais afecções de pele. Trataremos de temas como a adaptação de produtos cosméticos para diferentes tipos de pele e a importância da hidratação e da proteção solar.

No Capítulo 4, exploraremos a cromobiologia cutânea e os efeitos da radiação ultravioleta na pele, além da fotoproteção e da fototerapia. Discutiremos a influência dos hormônios, os efeitos do tabagismo e os princípios da corneoterapia. Abordaremos a sinergia de produtos cosméticos e a importância de escolher artigos compatíveis e seguros.

O Capítulo 5 se concentrará nas principais características de ativos cosméticos, como ingredientes para a região dos olhos, ativos clareadores e reguladores da oleosidade. Analisaremos as diferenças entre a pele do corpo e a do rosto e os ativos específicos para cada área, incluindo anticelulite e firmadores. Também examinaremos o processo de envelhecimento da pele e os ingredientes rejuvenescedores.

Por fim, no Capítulo 6, detalharemos a importância da hidratação e do alívio da pele, destacando ingredientes como óleo de jojoba e manteiga de *karité*. Enfocaremos os neurocosméticos e suas aplicações, além de cosméticos para cuidados com a pele, os cabelos, o corpo e a higiene pessoal. Concluiremos com uma análise de perfumes e fragrâncias e a ciência dos nutricosméticos.

Este livro é um mergulho na cosmetologia como uma ciência que transcende a estética. É um convite para entender as bases científicas por trás da melhoria da aparência e da promoção da autoestima, enfatizando como essa disciplina desempenha um papel crucial na ciência da autoimagem e do bem-estar emocional. Prepare-se para explorar a cosmetologia sob uma perspectiva científica.

Como aproveitar ao máximo este livro

Empregamos nesta obra recursos que visam enriquecer seu aprendizado, facilitar a compreensão dos conteúdos e tornar a leitura mais dinâmica. Conheça a seguir cada uma dessas ferramentas e saiba como estão distribuídas no decorrer deste livro para bem aproveitá-las.

Introdução do capítulo

Logo na abertura do capítulo, informamos os temas de estudo e os objetivos de aprendizagem que serão nele abrangidos, fazendo considerações preliminares sobre as temáticas em foco.

Síntese

Ao final de cada capítulo, relacionamos as principais informações nele abordadas a fim de que você avalie as conclusões a que chegou, confirmando-as ou redefinindo-as.

Para saber mais

Sugerimos a leitura de diferentes conteúdos digitais e impressos para que você aprofunde sua aprendizagem e siga buscando conhecimento.

Atividades de autoavaliação

Apresentamos estas questões objetivas para que você verifique o grau de assimilação dos conceitos examinados, motivando-se a progredir em seus estudos.

Atividades de autoavaliação

1. Qual dos seguintes efeitos é mais comumente associado à radiação ultravioleta (UV), em comparação com as radiações visível e infravermelha?
   a) Rugas e envelhecimento prematuro da pele.
   b) Hiperpigmentação e manchas escuras na pele.
   c) Vasodilatação e vermelhidão da pele.
   d) Sensação de calor e aquecimento da pele.

2. Descreva os diferentes comprimentos de onda da radiação ultravioleta (UV), incluindo os tipos UVA, UVB e UVC. Explique como esses comprimentos de onda afetam a pele e por que a proteção contra a radiação UV é importante. Além disso, discuta as medidas que podem ser tomadas para prevenir danos à pele causados pela exposição à radiação UV.

3. Sobre a influência dos hormônios na pele, assinale V para verdadeiro e F para falso:
   ( ) Os hormônios podem afetar a produção de sebo e estão relacionados à pele oleosa e ao desenvolvimento de acne.
   ( ) A produção de colágeno e elastina na pele é influenciada por hormônios sexuais masculinos, como o estrogênio.
   ( ) Durante a gravidez, as mudanças hormonais podem levar ao aumento da pigmentação da pele, resultando em melasma.

4. A respeitos dos efeitos da puberdade e do envelhecimento na pele, assinale a alternativa correta:
   a) A puberdade geralmente leva a uma redução na produção de colágeno e elastina na pele.
   b) Durante a puberdade, a pele tende a se tornar mais fina em virtude do aumento na produção de colágeno.
   c) O envelhecimento da pele é caracterizado por um aumento na produção de sebo e pele oleosa.
   d) Ao longo do processo de envelhecimento, a pele perde sua elasticidade e firmeza em razão da diminuição na produção de colágeno e elastina.

5. Descreva sucintamente os principais efeitos do tabagismo na saúde da pele, incluindo o modo como ele pode contribuir para o envelhecimento precoce e agravar condições cutâneas.

Atividades de aprendizagem

Aqui apresentamos questões que aproximam conhecimentos teóricos e práticos a fim de que você analise criticamente determinado assunto.

Atividades de aprendizagem

Questões para reflexão

1. Você se expõe frequentemente ao sol sem proteção? Como a exposição aos raios UV pode acelerar o envelhecimento cutâneo e quais medidas preventivas você poderia adotar para proteger sua pele?

2. Quais são os sinais de envelhecimento cutâneo que você já percebeu em sua própria pele? Quais ações preventivas ou tratamentos você poderia explorar para mitigar esses efeitos?

Atividade aplicada: prática

1. Plano de aula sobre a pele
   Explorar o conteúdo teórico que abrange os seguintes tópicos:

Capítulo 1

A cosmetologia e o mercado cosmético

A indústria da beleza e do bem-estar é um setor dinâmico e em constante crescimento e influencia tanto a forma como nos vemos quanto o modo como nos sentimos em relação a nós mesmos. Nesse cenário, a cosmetologia desempenha um papel crucial, oferecendo produtos que não apenas aprimoram nossa aparência como também renovam a saúde da pele, do cabelo e das unhas. Sua importância vai muito além do superficial e se estende ao nosso bem-estar geral.

A cosmetologia é a ciência e a prática de desenvolver, fabricar e aplicar produtos cosméticos. Estes incluem uma ampla variedade de itens, desde cremes e loções até maquiagem, perfumes e produtos capilares. O trabalho de cosmetologistas e de profissionais de cuidados com a pele é essencial para entender as necessidades individuais de cada pessoa e oferecer soluções personalizadas.

Uma das áreas mais fundamentais da cosmetologia é o cuidado com a pele. A pele é o maior órgão do corpo e é vital na proteção contra agentes externos, regulando a temperatura e proporcionando uma barreira de proteção eficaz. A cosmetologia foca não apenas a melhoria da estética da pele, mas também sua saúde. Por meio de pesquisas, desenvolvimento de produtos e tratamentos inovadores, os cosmetologistas têm contribuído para prevenir danos à pele, retardar o envelhecimento e tratar diversas condições dermatológicas.

A indústria de cuidados com o cabelo é outra área significativa na cosmetologia. Profissionais da cosmetologia capilar são treinados para entender as necessidades específicas do cabelo dos clientes, oferecendo tratamentos que vão desde a reparação de danos até a criação de estilos e cortes que refletem a personalidade de cada indivíduo.

Além disso, a cosmetologia também inclui o desenvolvimento e a produção de diferentes tipos de maquiagem, a qual desempenha um papel fundamental na expressão da individualidade e na promoção da autoconfiança. Maquiadores profissionais não apenas dominam técnicas artísticas, mas também compreendem a importância de usar produtos seguros e adequados para cada tipo de pele.

A cosmetologia está intrinsecamente ligada à inovação, à pesquisa e ao desenvolvimento de novos produtos e tecnologias. Com a constante evolução da ciência e da tecnologia, a indústria de beleza e do bem-estar tem sido beneficiada com avanços que vão desde ingredientes ativos de ponta em produtos para a pele até ferramentas de estilização capilar mais eficazes.

Em resumo, a cosmetologia desempenha um papel central na indústria da beleza e do bem-estar, ajudando as pessoas a cuidar de sua aparência, bem como a manter a saúde da pele, dos cabelos e das unhas. Ademais, os profissionais da área estão constantemente inovando e buscando soluções que promovam a confiança e a autoestima das pessoas, permitindo que elas enfrentem o mundo com mais segurança e satisfação pessoal. É uma disciplina que se tornou uma parte integrante de nossa vida cotidiana e que, à medida que avançarmos, continuará tendo um papel vital em nossa busca por beleza e bem-estar.

1.1 Panorama atual da indústria de cosmetologia

Com a crescente ênfase em estética, cuidados pessoais e bem-estar, a indústria de cosmetologia tem testemunhado um aumento significativo em sua importância e tamanho nas últimas décadas. Este material apresentará uma visão geral abrangente da indústria de cosmetologia, enfocando o volume de sua produção, seu alcance e os principais atores que impulsionam esse setor dinâmico.

A indústria de cosmetologia é um mercado global multibilionário. Estatísticas recentes indicam que o mercado de produtos de beleza e cuidados pessoais movimentou mais de 500 bilhões de dólares em todo o mundo em 2021. Esse crescimento constante pode ser atribuído à crescente conscientização sobre a importância dos cuidados estéticos, bem como à expansão da classe média em economias emergentes, classe que detém mais poder de compra.

A diversidade de produtos e serviços oferecidos reflete a crescente demanda dos consumidores por soluções de beleza personalizadas. Além disso, a indústria se estende a tratamentos estéticos, *spa*, salões de beleza e procedimentos médico-estéticos, como injeções de *botox* e preenchimentos dérmicos.

A indústria de cosmetologia é caracterizada pela presença de uma miríade de empresas, desde pequenas marcas independentes até gigantes multinacionais. Alguns dos principais atores do mercado incluem empresas como L'Oréal, Estée Lauder, Procter & Gamble, Johnson & Johnson, Unilever e Coty, que detêm várias marcas conhecidas em todo o mundo. Essas empresas investem pesadamente em pesquisa e desenvolvimento, inovação e *marketing* para manter uma vantagem competitiva.

Além das grandes corporações, a indústria de cosmetologia também tem visto um aumento no número de marcas independentes que se concentram em ingredientes naturais, orgânicos e produtos sustentáveis. Isso reflete uma mudança nas preferências dos consumidores no sentido de optar por produtos mais conscientes em relação à saúde e ao meio ambiente.

A evolução dessa indústria é impulsionada pela busca contínua por inovação e pelo desejo dos consumidores por produtos eficazes, seguros e alinhados com suas preocupações de saúde e bem-estar. Nos últimos anos, diversas tendências têm moldado o mercado de produtos cosméticos, influenciando tanto a formulação quanto a comercialização desses produtos.

1.1.1 Ingredientes naturais e orgânicos

A procura por produtos cosméticos contendo ingredientes naturais e orgânicos está em constante expansão. Os consumidores estão cada vez mais conscientes dos potenciais efeitos adversos de produtos químicos sintéticos, o que leva a uma busca por artigos mais seguros e ecologicamente adequados. Ingredientes como óleos essenciais, extratos de plantas e manteigas vegetais estão ganhando destaque nas formulações de produtos cosméticos.

1.1.2 Personalização

A personalização é outra tendência em ascensão. As empresas de cosméticos estão usando tecnologias avançadas, como análise genética e algoritmos de aprendizado de máquina para criar produtos personalizados para as necessidades únicas de cada cliente. Essa prática se aplica a produtos para cuidados com a pele, maquiagem e fragrâncias, permitindo que os consumidores escolham artigos que se adaptem perfeitamente às suas características.

1.1.3 Beleza sustentável

A sustentabilidade tornou-se uma preocupação central na indústria de cosméticos. Empresas estão adotando práticas mais ecológicas em suas cadeias de suprimento e embalagens, bem como promovendo a reciclagem e a reutilização. Ingredientes sustentáveis, como o óleo de palma certificado e produtos de comércio justo, também estão ganhando popularidade.

1.1.4 Tecnologia de ponta

A tecnologia tem um papel fundamental na inovação em produtos cosméticos. A realidade aumentada (AR) e a inteligência artificial (IA) são usadas para aprimorar a experiência do cliente, permitindo a visualização de produtos antes da compra e fornecendo recomendações personalizadas. Além disso, tecnologias avançadas de formulação estão sendo usadas para criar produtos mais eficazes, como produtos antienvelhecimento e protetores solares de alta qualidade.

1.1.5 *Clean beauty*

O movimento *clean beauty* ganhou força porque muitos consumidores passaram a buscar produtos com formulações mais simples, livres de substâncias controversas, como parabenos, sulfatos e ftalatos. As empresas estão respondendo a essa tendência reformulando seus produtos para atender a esses critérios e fornecer uma sensação de transparência e autenticidade aos consumidores.

1.2 Análise das preferências do consumidor e mudanças nos padrões de consumo

A análise das preferências do consumidor e as mudanças nos padrões de consumo desempenham um papel fundamental na compreensão da dinâmica do mercado e no desenvolvimento de estratégias de negócios bem-sucedidas. À medida que a sociedade evolui, as preferências dos consumidores e os padrões de consumo também se transformam, influenciados por uma variedade de fatores, como avanços tecnológicos, mudanças demográficas, considerações ambientais e tendências culturais.

1.2.1 Mudanças demográficas e culturais

As mudanças demográficas têm um impacto significativo nas preferências do consumidor e nos padrões de consumo. O envelhecimento da população, por exemplo, tem levado a uma demanda crescente por produtos e serviços relacionados à saúde e ao bem-estar. Ao mesmo tempo, o crescente aumento das migrações étnicas e, por consequência, da diversidade em muitos países resultou em uma demanda por produtos que atendam a diferentes tipos de pele e cabelo e a necessidades culturais específicas. As empresas que se adaptam a essas mudanças demográficas têm uma vantagem competitiva.

1.2.2 Tecnologia e comportamento do consumidor

O avanço tecnológico tem transformado profundamente as preferências do consumidor e os padrões de consumo. A ascensão do comércio eletrônico e das redes sociais, por exemplo, mudou a forma como as pessoas compram e interagem com as marcas. Os consumidores agora esperam experiências de compra mais convenientes, personalizadas e acessíveis. As empresas que investem em tecnologia para atender a essas expectativas muitas vezes prosperam, além de se aproximarem mais dos clientes e, por consequência, ganharem mais visibilidade do mercado nacional e internacional.

Na cultura contemporânea, a cosmetologia desafia os antigos padrões de beleza, celebrando a diversidade e a autoexpressão. Esses padrões antigos geralmente envolviam expectativas rígidas e limitadas sobre como a beleza deveria ser, como pele clara, corpo magro, simetria facial, delicadeza e cabelo liso. A indústria se adapta a uma gama diversificada de consumidores, oferecendo produtos que atendem a uma variedade de necessidades e preferências.

A indústria de cosméticos está passando por uma revolução tecnológica, impulsionada por avanços notáveis na pesquisa em dermatologia e biotecnologia.

1.2.3 Sustentabilidade e responsabilidade social

A crescente conscientização ambiental e social tem levado os consumidores a buscar produtos e empresas que promovam a sustentabilidade e a responsabilidade social. Os consumidores estão dispostos a pagar mais por produtos que sejam ecologicamente corretos, livres de crueldade animal e produzidos de maneira ética. Isso está incentivando as empresas a repensar suas cadeias de suprimentos, reduzir o desperdício e adotar práticas mais responsáveis.

1.2.4 Globalização e acesso a mercados internacionais

A globalização tem ampliado as opções de produtos para os consumidores, proporcionando acesso a mercados internacionais. Isso cria uma concorrência mais acirrada, levando as empresas a inovar e adaptar seus produtos para atender às preferências locais. Nesse cenário, os consumidores agora têm acesso a uma ampla gama de produtos globais, ampliando suas preferências e expectativas.

1.3 Desafios e oportunidades no mercado de cosmetologia

A indústria moderna enfrenta uma série de desafios complexos que afetam diretamente sua operação, competitividade e sustentabilidade a longo prazo. Nesse contexto, é crucial identificar e compreender os principais desafios enfrentados pela indústria, que incluem questões relacionadas às regulamentações governamentais, à sustentabilidade ambiental e à crescente concorrência no mercado global. Vamos analisar esses aspectos a seguir.

1.3.1 Regulamentações governamentais

As regulamentações governamentais representam um desafio significativo para a indústria em todo o mundo. Diversos setores enfrentam a necessidade de cumprir uma série de regulamentações relacionadas à segurança do produto, à saúde do consumidor, à proteção ambiental e a direitos trabalhistas. As regulamentações variam de um país para outro, o que pode criar uma complexidade considerável para empresas com operações globais. Além disso, as regulamentações estão em constante evolução para acompanhar as mudanças tecnológicas e sociais. Cumprir com essas regulamentações é imperativo para evitar penalidades legais, danos à reputação e perda de mercado.

1.3.2 Sustentabilidade ambiental

A crescente preocupação com a sustentabilidade ambiental é um desafio crucial. A pressão para reduzir as emissões de carbono, diminuir o desperdício e adotar práticas sustentáveis aumenta à medida que a consciência pública sobre as mudanças climáticas e a degradação ambiental cresce. Empresas que não se adaptam a essas preocupações enfrentam riscos significativos, incluindo boicotes por parte dos consumidores, restrições regulatórias e impactos negativos em sua reputação. Portanto, a sustentabilidade tornou-se uma consideração estratégica fundamental para as empresas, que buscam métodos inovadores para minimizar seu impacto ambiental.

1.3.3 Concorrência global

A concorrência é um desafio em constante crescimento na indústria, em parte por conta da globalização. Empresas de todo o mundo competem por participação de mercado, o que pode resultar em preços mais baixos, maior inovação e pressão sobre as margens de lucro. A rápida evolução tecnológica e a facilidade de comércio internacional permitem que novos concorrentes surjam, alterando significativamente o cenário competitivo. A expansão da concorrência implica a necessidade de inovação constante e a busca por vantagens competitivas para manter a relevância no mercado.

1.3.4 Estratégias para enfrentar esses desafios

Para enfrentarem esses desafios complexos, as empresas devem adotar estratégias abrangentes e flexíveis, como as descritas a seguir:

- *Compliance* **regulatório**: investir em monitoramento constante das regulamentações relevantes, garantindo que todas as operações estejam em conformidade e que as equipes sejam treinadas em conformidade regulatória.
- **Sustentabilidade**: integrar a sustentabilidade em todas as operações, desde a cadeia de suprimentos até o desenvolvimento de produtos. É preciso desenvolver estratégias de economia de recursos e avaliar constantemente o impacto ambiental.
- **Inovação**: fomentar uma cultura de inovação dentro da organização para se adaptar às mudanças na indústria e manter uma vantagem competitiva.
- **Análise de mercado**: monitorar continuamente o cenário competitivo e as mudanças nas preferências do consumidor para ajustar as estratégias de *marketing* e produto.
- **Parcerias estratégicas**: colaborar com outras empresas ou organizações para compartilhar conhecimento e recursos para enfrentar desafios comuns, como regulamentações e sustentabilidade (ABIHPEC, 2023).

1.4 Exploração das oportunidades emergentes

A crescente conscientização dos consumidores sobre questões relacionadas à saúde, ao meio ambiente e ao bem-estar animal tem impulsionado uma mudança notável nas preferências de compra. Cada vez mais, os consumidores estão buscando produtos naturais, orgânicos e *cruelty-free*. Essa tendência não apenas reflete uma mudança nos valores e preocupações dos consumidores, mas também cria oportunidades significativas para as empresas que estão dispostas a atender a essa demanda emergente.

1.4.1 Produtos naturais e orgânicos

A demanda por produtos naturais e orgânicos tem crescido exponencialmente nos últimos anos. Os consumidores estão buscando produtos de beleza que contenham ingredientes naturais, sem produtos químicos prejudiciais à saúde e ao meio ambiente. Ademais, o interesse em produtos orgânicos, que são cultivados sem o uso de pesticidas ou fertilizantes sintéticos, está em ascensão. Empresas que adotam uma abordagem mais natural e orgânica estão se beneficiando dessa tendência. Essa prática não apenas atrai consumidores preocupados com a saúde, mas também ressoa com aqueles que buscam opções mais ecológicas.

Embora a demanda por produtos naturais e orgânicos seja alta, a produção e o fornecimento desses produtos podem ser desafiadores. A produção orgânica muitas vezes é mais cara e pode ser afetada por condições climáticas imprevisíveis. Além disso, a certificação orgânica pode ser um processo demorado e caro para as empresas. No entanto, as empresas que superam esses desafios muitas vezes se beneficiam de uma base de consumidores leal disposta a pagar um alto preço por produtos de alta qualidade e seguros.

1.4.2 Produtos *cruelty-free*

A preocupação com o bem-estar animal levou a uma demanda crescente por produtos *cruelty-free*, ou seja, produtos que não são testados em animais. Muitos consumidores estão optando por marcas que demonstram um compromisso com a ética e a proteção dos animais. Isso se aplica não apenas a produtos de beleza, mas também a produtos de cuidados pessoais, como sabonetes e produtos de higiene.

A principal dificuldade na produção de produtos *cruelty-free* é encontrar alternativas aos testes em animais para garantir a segurança dos produtos. Isso requer pesquisa e desenvolvimento significativos para identificar métodos de teste alternativos. Cabe acrescentar que a certificação *cruelty-free* pode ser complicada, com diferentes padrões e regulamentações em diferentes regiões. No entanto, empresas que superam esses desafios podem construir uma base de consumidores leal e ética.

1.5 Impacto da pandemia na indústria de cosmetologia

A pandemia de covid-19 teve um impacto profundo e duradouro em inúmeras indústrias em todo o mundo, inclusive na de cosmetologia. O setor de beleza e bem-estar, que inclui produtos cosméticos, cuidados com a pele, cabelo, maquiagem e serviços relacionados, enfrentou desafios significativos em razão de medidas de isolamento social, fechamento de estabelecimentos de beleza e preocupações com a segurança dos consumidores. A seguir, veremos como a pandemia afetou o mercado de cosmetologia e as estratégias de recuperação necessárias para impulsionar o setor.

Entre os principais impactos estão:

- **Redução na procura por produtos de beleza e serviços**: durante os *lockdowns* e o distanciamento social, houve uma queda acentuada na demanda por produtos de beleza e serviços de cosmetologia, já que as pessoas passaram a dar prioridade a itens essenciais, o que resultou em uma diminuição nas vendas de cosméticos e na receita dos salões de beleza.
- ***E-commerce* em ascensão**: uma das adaptações mais notáveis foi o aumento das vendas *on-line*. As empresas de cosméticos que já tinham uma forte presença *on-line* e estratégias de comércio eletrônico eficazes conseguiram minimizar as perdas, pois os consumidores recorreram à compra de produtos via internet.
- **Impacto nas cadeias de suprimento**: a pandemia afetou as cadeias de suprimento globais, resultando em atrasos na produção e na entrega de produtos cosméticos. Muitas empresas

enfrentaram dificuldades em obter ingredientes e embalagens, o que prejudicou a capacidade de atender à demanda.
- **Mudanças nas preferências do consumidor**: houve influência também nas preferências do consumidor, levando a um aumento na busca por produtos de cuidados com a pele e produtos de beleza com ênfase em aparência natural e saúde. Ademais, a demanda por artigos de higiene pessoal e produtos de cuidados com as mãos aumentou significativamente.

Além disso, foi possível observar algumas estratégias de recuperação na indústria de cosmetologia, tais como:

- **Digitalização e comércio eletrônico**: empresas de cosmetologia estão investindo na melhoria de suas plataformas de comércio eletrônico e presença *on-line*. O investimento em *marketing* digital, mídia social e experiência do cliente *on-line* tornou-se uma prioridade.
- **Inovação em produtos**: a indústria está se adaptando às novas preferências dos consumidores, desenvolvendo produtos mais alinhados com cuidados com a pele e a saúde. A inovação em ingredientes, como aqueles com benefícios antimicrobianos e antioxidantes, tem ganhado destaque.
- **Protocolos de segurança em estabelecimentos**: os salões de beleza e *spas* estão mantendo alguns protocolos de segurança, como uso de máscaras e desinfecção regular de equipamentos. Isso ajuda a reconquistar a confiança dos consumidores.
- **Sustentabilidade e responsabilidade social**: muitas empresas de cosmetologia estão enfatizando a sustentabilidade, a responsabilidade social e a transparência. Os consumidores

estão cada vez mais interessados em marcas que demonstrem compromisso com questões éticas e ambientais (Massoquetto, 2023; ABIHPEC, 2021).

1.6 Tendências futuras em cosmetologia

As duas tendências emergentes e profundamente interconectadas na indústria de negócios contemporânea são a digitalização da experiência do cliente e a personalização de produtos. Ambas estão redefinindo a forma como as empresas se envolvem com seus clientes e atendem às suas necessidades, tornando-se elementos críticos na estratégia de crescimento e sucesso de diversas indústrias.

1.6.1 Digitalização da experiência do cliente

A digitalização da experiência do cliente refere-se à transformação de todas as interações entre empresas e clientes em processos digitais, desde o *marketing* e a aquisição de clientes até o atendimento ao cliente e a fidelização. A pandemia de covid-19 acelerou ainda mais essa tendência, à medida que o comércio eletrônico, os aplicativos móveis e as interações *on-line* se tornaram essenciais para as empresas.

1.6.2 Personalização de produtos

A personalização de produtos diz respeito à capacidade de adaptar produtos e serviços às necessidades e preferências individuais dos clientes. Esse nível de personalização vai além da mera escolha de variantes de produtos; envolve a criação de produtos exclusivos com base nas especificidades do cliente.

1.7 Inovações tecnológicas aplicadas a produtos de beleza

A indústria de cosméticos está passando por uma revolução tecnológica que está redefinindo a forma como os produtos de beleza são fabricados, personalizados e aplicados. Duas inovações tecnológicas notáveis nesse setor são a impressão 3D de cosméticos e a aplicação da nanotecnologia em produtos de beleza.

1.7.1 Impressão 3D de cosméticos

A impressão 3D de cosméticos é uma inovação que permite a fabricação de produtos de beleza personalizados, atendendo às necessidades específicas de cada cliente. Essa tecnologia utiliza impressoras 3D para criar produtos de maquiagem, como batons, bases e sombras, com precisão milimétrica.

- **Personalização extrema**: com a impressão 3D, os clientes podem escolher a cor, a textura e até os ingredientes de seus artigos de maquiagem, o que permite a personalização extrema e atende a uma ampla gama de tons de pele e preferências individuais.

- **Redução de desperdício**: a impressão 3D reduz significativamente o desperdício de produtos, uma vez que os produtos são criados sob demanda, eliminando a necessidade de estoques excessivos e embalagens.

- **Inovação contínua**: as empresas podem rapidamente inovar e lançar produtos sem a necessidade de realizar processos de fabricação tradicionais demorados. Essa novidade mantém as marcas de beleza na vanguarda da indústria (Momeni et al., 2017).

1.7.2 Nanotecnologia em produtos de beleza

A nanotecnologia aplicada a produtos de beleza envolve o uso de partículas nanométricas para melhorar a eficácia, a absorção e a estabilidade dos ingredientes ativos em cosméticos e cuidados com a pele. Vejamos as vantagens que essa tecnologia oferece:

- **Melhoria na absorção de ingredientes**: as partículas nanométricas podem penetrar mais profundamente na pele, melhorando a absorção de ingredientes ativos, como antioxidantes e ácido hialurônico.

- **Estabilidade e liberação controlada**: a nanotecnologia permite a encapsulação de ingredientes ativos, protegendo-os da degradação e possibilitando uma liberação controlada, de modo que os benefícios sejam liberados ao longo do tempo.
- **Texturas mais leves e confortáveis**: a nanotecnologia também possibilita a criação de texturas mais leves e confortáveis, tornando os produtos de beleza mais agradáveis de usar (Shokri, 2017).

1.8 Crescimento global da indústria de cosmetologia

A indústria de cosmetologia é caracterizada por seu crescimento constante em escala global. Projeções indicam que essa tendência positiva deve continuar nos próximos anos. Diversos fatores contribuem para esse crescimento:

- **Demanda crescente por produtos de beleza**: a busca por produtos de beleza e bem-estar continua a aumentar, impulsionada pela crescente importância da aparência pessoal e dos cuidados com a pele e o cabelo.
- **Mercados emergentes**: o acesso a produtos de beleza está aumentando em mercados emergentes, à medida que a classe média expande e as economias se desenvolvem. Toda essa mudança cria oportunidades de mercado.

- **Envelhecimento da população**: o envelhecimento da população leva a uma demanda crescente por produtos antienvelhecimento e cuidados com a pele, determinando a expansão de um mercado específico.

1.9 Histórico da cosmetologia no Brasil e no mundo

A cosmetologia desempenha um papel significativo na história da humanidade, moldando a forma como as pessoas se veem e são percebidas em diferentes culturas e épocas. A busca pela beleza e a ênfase nos cuidados com a aparência são características universais da condição humana, e a cosmetologia tem sido uma aliada fundamental nessa jornada.

1.9.1 Antiguidade: as origens dos cuidados com a beleza

Os registros históricos revelam que a cosmetologia tem raízes profundas na Antiguidade. Civilizações antigas, como a egípcia, a grega e a romana, já valorizavam a beleza e a aparência. O uso de substâncias naturais, como óleos e minerais, era comum para a limpeza da pele e a acentuação da beleza facial. Essas culturas consideravam a beleza como um reflexo da harmonia e da saúde interior.

A busca pela beleza e por cuidados com a pele remonta a tempos imemoriais, em que as civilizações antigas desenvolveram técnicas e descobriram ingredientes que serviram como pilares para os padrões de beleza de hoje. Na sequência, vamos examinar algumas práticas de beleza e cuidados com a pele das antigas civilizações do Egito, da Grécia e de Roma, destacando ingredientes e técnicas tradicionais, como óleos essenciais e banhos de beleza, que eram muito utilizados na busca pela melhora da aparência e pela saúde da pele.

1.9.1.1 Egito Antigo: o pioneirismo dos cuidados com a beleza

A civilização do Egito Antigo é amplamente reconhecida como uma das primeiras a valorizar os cuidados com a beleza e a saúde da pele. As práticas de beleza egípcias eram avançadas para a época, com destaque para os seguintes aspectos:

- **Óleos essenciais**: os egípcios eram conhecidos por utilizar uma variedade de óleos essenciais, como os de jojoba e de moringa, para hidratar a pele e protegê-la dos rigores do clima da região.
- **Maquiagem e perfumes**: a maquiagem, como o famoso delineador preto (*kohl*), era amplamente utilizada, não apenas para melhorar a aparência, mas também para proteger os olhos do sol e das infecções. Além disso, os egípcios eram apaixonados por perfumes, que desempenhavam um papel crucial em rituais religiosos e de beleza.
- **Banhos de beleza**: banhos aromáticos eram populares entre a aristocracia egípcia, combinando óleos essenciais e ervas para relaxamento e rejuvenescimento da pele (Silva, 2019).

1.9.1.2 Grécia Antiga: beleza e saúde equilibradas

Na Grécia Antiga, os cuidados com a pele eram considerados essenciais para a beleza e a saúde. Algumas das práticas adotadas eram:

- **Banho e massagem**: os banhos eram frequentes, utilizando-se sabonetes naturais e loções à base de azeite. A massagem era parte integrante dos cuidados com a pele, promovendo a circulação sanguínea e a firmeza da pele.
- **Máscaras de argila**: máscaras faciais de argila eram populares entre os gregos, pois ajudavam a limpar e rejuvenescer a pele.

1.9.1.3 Roma Antiga: elegância e banhos termais

A civilização romana herdou muitas das tradições gregas, mas também trouxe as próprias inovações:

- **Banhos termais**: os banhos termais romanos, conhecidos como *termas*, eram centros de beleza e bem-estar. Os romanos apreciavam a experiência de banhos quentes e frios para melhorar a circulação sanguínea e tonificar a pele.
- **Óleo de rosa-mosqueta**: os romanos valorizavam o óleo de rosa-mosqueta, conhecido por suas propriedades regeneradoras e hidratantes. Era aplicado na pele para mantê-la jovem e saudável.

1.9.2 Idade Média e Renascimento: beleza e *status*

Na Idade Média, a ênfase na beleza estava frequentemente associada ao *status* social. Peles pálidas eram consideradas um sinal de alta posição, e as mulheres usavam produtos variados, como farinha, vinagre, ervas e, até mesmo, chumbo, para clarear a pele.

No Renascimento, houve o retorno do interesse pela beleza e pela ciência, resultando em inovações cosméticas, como perfumes e produtos para a pele. Nesse período, os perfumes eram frequentemente feitos por destilação, um processo em que flores, ervas e especiarias eram fervidas em água, e o vapor resultante era capturado e condensado para extrair os óleos essenciais. Essa técnica foi aprimorada graças aos avanços na alquimia e na química. Por sua vez, os produtos de beleza eram geralmente produzidos em casa ou por artesãos especializados, conhecidos como *boticários*. Eles utilizavam uma variedade de ingredientes naturais, incluindo ervas, flores, especiarias, óleos e gorduras animais. As receitas muitas vezes eram passadas de geração em geração e refinadas com base na observação e na experimentação.

A Idade Média, caracterizada por um período de descontinuidade entre a Antiguidade Clássica e o Renascimento, exerceu uma influência significativa na cosmetologia. Durante esse período, a cosmetologia estava intimamente ligada aos rituais religiosos e às cortes reais, moldando a maneira como a beleza e os cuidados com a aparência eram percebidos e praticados. A Igreja pregava a importância da modéstia e da simplicidade, desencorajando excessos e vaidades. As mulheres eram incentivadas a evitar maquiagens e adornos excessivos, pois a beleza natural era considerada mais pura e aceitável aos olhos de Deus. A utilização de ervas e plantas para cuidados com a pele e o cabelo era comum, muitas vezes recomendada por curandeiros e monges que tinham conhecimento de botânica. As receitas para pomadas, unguentos e perfumes muitas vezes incluíam ervas como alecrim, lavanda e sálvia, que também tinham conotações religiosas e espirituais. Os mosteiros eram centros de conhecimento e preservação de técnicas antigas, incluindo a fabricação de produtos de beleza. Os monges, especialmente os beneditinos, eram conhecidos por cultivar e produzir substâncias que tinham funções tanto cosméticas quanto curativas.

1.9.2.1 Cosmética na Idade Média: rituais religiosos e cortes reais

Como mencionamos, durante a Idade Média, a cosmetologia tinha uma função importante em rituais religiosos e na vida nas cortes reais. A Igreja desempenhou um papel central na vida das pessoas, influenciando os padrões de beleza e cuidados com a aparência (Galembeck; Csordas, 2011). Alguns aspectos notáveis incluem:

- **Maquiagem e simbolismo religioso**: a maquiagem era frequentemente usada em rituais religiosos, com destaque para o *kohl*, que não apenas acentuava os olhos, mas também tinha conotações espirituais, simbolizando proteção contra o "mau-olhado".
- **Cabelos e perucas**: penteados elaborados e perucas eram populares na realeza e nas cortes. O cabelo era moldado de maneira a representar o *status* e a autoridade dos membros

da realeza. Os óleos de oliva, amêndoas, rícino, nogueira eram usados para manter a saúde do cabelo.
- **Fragrâncias e perfumes**: perfumes e fragrâncias desempenharam um papel importante nas cortes reais e na vida cotidiana, tanto como símbolos de *status* quanto com a função de mascarar odores em uma época em que o saneamento pessoal era limitado.

1.9.2.2 Transição para o Renascimento e redescoberta de práticas greco-romanas

O Renascimento, período que se seguiu à Idade Média, foi um período de renovação cultural e intelectual. Nesse contexto, houve uma redescoberta das práticas de beleza greco-romanas, influenciando significativamente a cosmetologia:

- **Ênfase na beleza natural**: os ideais de beleza greco-romanos valorizavam uma aparência natural e saudável. Produtos naturais, como azeite e vinagre, eram usados para manter a pele saudável e radiante (Draelos, 1999). O azeite é rico em ácidos graxos essenciais e vitamina E, que são excelentes para hidratar a pele. Contém antioxidantes naturais, como a própria vitamina E e polifenóis, que colaboram na proteção da pele contra os danos dos radicais livres e o envelhecimento precoce. O vinagre tem propriedades antimicrobianas que ajudam a matar bactérias e fungos na pele, sendo útil para prevenir e tratar acne e outras infecções cutâneas.

- **Banho e cuidados com a pele**: a prática de banhos públicos, uma tradição greco-romana, foi reintroduzida na Europa, o que contribuiu para a ênfase na higiene pessoal e nos cuidados com a pele.
- **Maquiagem sutil**: a maquiagem se tornou mais sutil, com uma abordagem que realçava a beleza natural. Era comum o uso de ceruse (branco de chumbo), clara de ovo, sucos de cores mais vibrantes (como o de beterraba) e, até mesmo, sangue de animais. As sobrancelhas eram depiladas para criar uma testa alta, e os lábios eram levemente corados.

1.9.3 Século XIX: a industrialização e a popularização dos cosméticos

Com a Revolução Industrial, a produção em massa de cosméticos tornou-se possível. Assim, ocorreu a popularização dos produtos de beleza, tornando-os acessíveis a uma gama mais ampla de pessoas. A maquiagem passou a ser uma forma de expressão pessoal e um símbolo de emancipação (Pereira; Canei; Machado, 2023).

O mercado de produtos cosméticos, uma das indústrias mais prósperas do mundo contemporâneo, tem suas raízes no desenvolvimento de fórmulas e práticas cosméticas na Europa ao longo da história. A seguir, vamos examinar brevemente o surgimento das primeiras empresas de produtos cosméticos na Europa, bem como os avanços na formulação de produtos, com foco na influência da Revolução Industrial.

1.9.3.1 As origens da cosmética na Europa

O conceito de beleza e cuidados pessoais tem uma longa história na Europa, que remonta à Antiguidade. A Grécia e a Roma Antiga estabeleceram práticas de cuidados com a pele e de maquiagem, muitas das quais foram perdidas na Idade Média. No entanto, durante a Idade Média e o Renascimento, a cosmetologia foi revivida em virtude da influência das cortes reais e da importância dada à beleza e à higiene pessoal.

O século XIX viu o surgimento das primeiras empresas dedicadas à produção em massa de produtos cosméticos. Entre essas empresas notáveis, a Pears, fundada em 1807, é um exemplo pioneiro. Ela produziu o primeiro sabonete transparente do mundo, demonstrando a inovação no processo de fabricação, permitindo a produção de sabonetes de alta qualidade em grande escala e tornando-os acessíveis a um público mais amplo. A transparência do produto indicava uma substituição dos produtos naturais (óleos e gorduras) por materiais sintéticos. Assim, a comercialidade desses sabonetes poderia ser aumentada, tendo em vista que o custo poderia ser diminuído (Flavers, 2024).

1.9.3.2 A Revolução Industrial e seu impacto na cosmética

A Revolução Industrial, que aconteceu na Europa no século XIX, teve um profundo impacto na indústria cosmética. Alguns dos principais desenvolvimentos foram:

- **Inovações em embalagens e distribuição**: a Revolução Industrial permitiu a produção em massa de embalagens atraentes e práticas, tornando o *marketing* e a distribuição de produtos cosméticos mais eficazes.
- **Avanços na química**: o progresso na indústria química levou ao desenvolvimento de ingredientes e formulações mais eficazes e permitiu a criação de produtos de beleza de alta qualidade.
- **Padronização e regulamentação**: com o crescimento da indústria, houve a necessidade crescente de regulamentação e padronização para garantir a segurança dos produtos cosméticos.

1.9.4 Século XX: transformação da indústria de cosmetologia

O século XX testemunhou uma transformação significativa na indústria de cosmetologia. A ciência e a pesquisa levaram a avanços notáveis na formulação de produtos, oferecendo resultados mais eficazes e seguros, a partir do desenvolvimento de ingredientes melhores, da inovação em formulações e da personalização de produtos. Além disso, a publicidade e a mídia desempenharam um papel importante na definição dos padrões estéticos, com a padronização da beleza, a educação do consumidor e aumentos da demanda num aspecto geral (Silva, 2019).

No cenário turbulento do século XX, marcado pelas Guerras Mundiais e pela Grande Depressão, a indústria de beleza e as tendências de moda sofreram uma série de transformações significativas. A seguir, trataremos do impacto desses eventos históricos nos ideais de beleza e estilo da época, além de examinarmos a ascensão da indústria de beleza e os ícones de estilo que moldaram a estética do século XX.

1.9.4.1 As Guerras Mundiais e a beleza de sobrevivência

Durante as Guerras Mundiais, a escassez de recursos e a necessidade de mobilização influenciaram as tendências de beleza:

- **Maquiagem econômica**: a maquiagem se tornou mais econômica, com batons em tons de vermelho e tons terrosos, refletindo a sobriedade da época.
- **Penteados práticos**: penteados práticos, como os "cortes de guerra", tornaram-se populares entre as mulheres, refletindo a necessidade de eficiência na vida cotidiana (Leonardi, 2004).

1.9.4.2 A Grande Depressão e a necessidade de escapismo

Durante a Grande Depressão, as tendências de beleza foram uma forma de escapismo e autoexpressão. Esse período, marcado por dificuldades econômicas extremas e uma sensação generalizada de desesperança, fez com que as pessoas buscassem maneiras de aliviar o estresse e melhorar sua autoestima. Nesse contexto, podemos destacar:

- **Batons vibrantes**: batons vermelhos vibrantes tornaram-se populares, servindo como escape do clima econômico sombrio.

☐ **Cabelos ondulados**: cabelos ondulados, à moda de estrelas de cinema como Clara Bow e Louise Brooks, eram um ícone da era, conferindo *glamour* e transmitindo otimismo. Atrizes de Hollywood como Jean Harlow, Marlene Dietrich e Greta Garbo popularizaram os penteados ondulados. Suas aparições glamorosas nas telas de cinema ofereciam uma fuga da realidade e estabeleciam tendências de beleza que as pessoas desejavam imitar.

1.9.4.3 Ascensão da indústria de beleza

A indústria de beleza floresceu no século XX, com várias inovações:

☐ **Produtos acessíveis**: marcas como a Maybelline introduziram produtos acessíveis que democratizaram a maquiagem. A democratização da maquiagem no século XX foi impulsionada por uma combinação de preços mais baixos, expansão dos pontos de venda, campanhas publicitárias eficazes, diversificação de produtos e movimentos sociais que enfatizavam a inclusão e o empoderamento. Essas estratégias tornaram os cosméticos não só mais acessíveis financeiramente como também mais disponíveis e desejáveis para um público amplo, permitindo que a indústria de beleza florescesse e alcançasse consumidores de todas as esferas sociais.

☐ **Tecnologia e publicidade**: avanços tecnológicos e publicidade eficaz ajudaram a impulsionar a indústria, promovendo produtos de beleza como itens essenciais para a vida moderna.

1.9.4.4 Ícones de estilo do século XX

O século XX viu o surgimento de ícones de estilo que influenciaram as tendências de beleza.

Coco Chanel, nascida Gabrielle Bonheur Chanel, é uma figura icônica na história da moda, conhecida por suas inovações que transformaram a maneira como as mulheres se vestem e se apresentam. Sua abordagem ao estilo era marcada por uma simplicidade elegante, que desafiava as normas da moda da época e estabelecia novos padrões de beleza e sofisticação. Coco Chanel introduziu peças de vestuário que priorizavam o conforto e a simplicidade sem sacrificar a elegância. Ela eliminou os espartilhos e outros elementos restritivos, permitindo uma maior liberdade de movimento.

Antes de Chanel, a pele pálida era considerada um padrão de beleza. Chanel revolucionou essa percepção ao aparecer bronzeada após uma viagem ao sul da França. O bronzeado começou a ser visto como um sinal de saúde, riqueza e lazer, sendo associado a um estilo de vida moderno e ativo.

Lançado em 1921, o Chanel N° 5 foi um dos primeiros perfumes a usar uma complexa mistura de aldeídos e outros ingredientes, criando uma fragrância única e duradoura. Desenvolvido pelo perfumista Ernest Beaux, o Chanel N° 5 era diferente de qualquer outro perfume da época, que geralmente utilizava apenas uma ou duas notas florais dominantes. O produto ganhou ainda mais notoriedade quando a atriz Marilyn Monroe, em uma entrevista em 1952, respondeu que usava apenas algumas gotas de Chanel N° 5 para dormir. Essa declaração icônica ajudou a consolidar a imagem do perfume como um símbolo de luxo e sensualidade.

Por sua vez, Marilyn Monroe, nascida Norma Jeane Mortenson, transformou-se em uma das figuras mais icônicas do século XX, personificando a sensualidade e a feminilidade dos anos 1950. Sua imagem, marcada pelos cabelos loiros platinados, pelas curvas voluptuosas e pelos lábios vermelhos, deixou um legado duradouro na cultura popular e na moda. A transformação de Marilyn para o visual com os cabelos platinados foi parte de sua estratégia de marca pessoal, diferenciando-a das outras estrelas de Hollywood. Manter esse cabelo exigia tratamentos frequentes de descoloração e cuidados intensivos. Marilyn investia tempo e recursos significativos para manter seu cabelo em perfeitas condições, um esforço que muitas mulheres passaram a emular.

1.9.5 A pesquisa em dermatologia e o futuro da beleza

A pesquisa em dermatologia desempenha um papel crucial na formulação de produtos cosméticos. Os dermatologistas trabalham em estreita colaboração com a indústria para desenvolver tratamentos e produtos que abordem questões específicas da pele, entre os quais podemos citar:

- **Tratamentos antienvelhecimento**: pesquisas avançadas resultaram no desenvolvimento de produtos como retinoides e ácido hialurônico, que combatem rugas e perda de elasticidade.
- **Protetores solares inovadores**: novos protetores solares oferecem maior proteção contra os raios UV e são formulados para diferentes tipos de pele, considerando-se a fototipagem.

- **Terapia gênica e células-tronco**: pesquisas em terapia gênica e células-tronco têm o potencial de revolucionar o tratamento de doenças de pele e o rejuvenescimento (De Luca, 2013).

1.9.6 A biotecnologia e a personalização dos cuidados com a pele

A biotecnologia é um campo em rápido crescimento que contribui para a personalização de cuidados com a pele, permitindo que os produtos se adaptem às necessidades individuais.

- **Microbioma cutâneo**: pesquisas sobre o microbioma cutâneo levam ao desenvolvimento de produtos que promovem um equilíbrio saudável da pele, abordando problemas como acne e sensibilidade.
- **Cosméticos personalizados**: com a análise genética e de dados, é possível criar produtos cosméticos personalizados que atendam às características únicas da pele de cada pessoa.

1.9.7 Cosmetologia no Brasil

A cosmetologia foi introduzida no Brasil durante o período colonial e vem experimentando uma evolução notável ao longo do tempo. São muito utilizados ingredientes naturais brasileiros, como açaí, cupuaçu e óleo de coco, na formulação de produtos cosméticos. O Brasil, com sua rica biodiversidade, contribuiu para o desenvolvimento da cosmetologia no país e no mundo.

1.9.7.1 A introdução da cosmetologia no Brasil: Período Colonial

A história da cosmetologia no Brasil remonta ao Período Colonial, quando os colonizadores europeus disseminaram suas práticas de beleza e higiene pessoal. Ingredientes e técnicas de beleza europeus, como perfumes e banhos, foram introduzidos no Brasil durante esse período.

No século XX, o Brasil começou a se destacar na área de cosmetologia, impulsionado por sua rica diversidade de recursos naturais.

- **Açaí**: o açaí, rico em antioxidantes, tornou-se um ingrediente popular em produtos para a pele, graças aos seus benefícios de rejuvenescimento e hidratação.
- **Cupuaçu**: o cupuaçu, com propriedades emolientes e nutritivas, passou a ser utilizado na fabricação de produtos capilares, cremes e loções.
- **Óleo de coco**: o óleo de coco, conhecido por suas propriedades hidratantes e antibacterianas, também ganhou destaque em produtos de beleza e de cuidados com o cabelo.

1.9.7.2 A indústria de cosméticos brasileira: crescimento e reconhecimento global

A indústria de cosméticos no Brasil cresceu consideravelmente, e o país se tornou um grande exportador de produtos de beleza.

- **Exportação de ingredientes naturais**: ingredientes brasileiros, como açaí, cupuaçu e óleo de coco, já citados, são exportados para o mundo todo e incorporados em produtos de beleza globalmente.
- **Reconhecimento internacional**: marcas brasileiras de beleza ganharam reconhecimento internacional, destacando a qualidade e a eficácia dos produtos.

1.10 Legislação em cosmetologia

A indústria de cosmetologia desempenha um papel crucial na sociedade contemporânea, oferecendo uma ampla gama de produtos que visam melhorar a saúde, a beleza e o bem-estar das pessoas. Por essa razão, é fundamental que a regulamentação garanta a segurança e a eficácia desses produtos, protegendo os consumidores e promovendo a qualidade na indústria.

1.10.1 Importância da regulamentação na indústria de cosmetologia

A indústria de cosmetologia envolve a produção de uma ampla gama de produtos, incluindo maquiagem e produtos para a pele, o cabelo e cuidados pessoais. Em virtude de sua aplicação direta na pele e no cabelo, esses produtos podem afetar a saúde e o bem-estar dos consumidores. Portanto, a regulamentação atua criticamente em várias áreas, tais como:

- **Segurança do consumidor**: regulamentos visam garantir que os produtos cosméticos não representem riscos à saúde dos consumidores.
- **Qualidade e eficácia**: a regulamentação busca assegurar que os produtos sejam eficazes para os fins a que se destinam, promovendo qualidade e confiabilidade.
- **Transparência e rotulagem**: regulamentos exigem que os produtos sejam rotulados de forma precisa, proporcionando informações claras aos consumidores sobre os ingredientes e os possíveis riscos associados.

1.10.2 Legislação em cosmetologia no Brasil

O Brasil tem uma legislação robusta e abrangente para a regulamentação de produtos cosméticos, liderada pela Agência Nacional de Vigilância Sanitária (Anvisa). Nosso país é um dos maiores mercados de produtos cosméticos do mundo, e a regulamentação desempenha um papel fundamental na garantia da segurança, da qualidade e da eficácia desses produtos.

1.10.2.1 Agência Nacional de Vigilância Sanitária (Anvisa)

A Anvisa é a agência governamental responsável pela regulamentação de produtos cosméticos no Brasil. Ela atua para proteger a saúde da população, promovendo a qualidade e a segurança dos produtos. Alguns aspectos-chave da regulamentação de produtos cosméticos pela Anvisa incluem:

- **Registro de produtos**: todos os produtos cosméticos devem ser registrados na Anvisa antes de serem comercializados. Esse processo visa avaliar a segurança e a eficácia dos produtos.
- **Boas práticas de fabricação (BPF)**: empresas que fabricam produtos cosméticos devem cumprir as BPF, que estabelecem padrões rigorosos para a qualidade e a segurança durante o processo de fabricação.
- **Rotulagem obrigatória**: a rotulagem de produtos cosméticos deve conter informações detalhadas, incluindo lista de ingredientes, modo de uso e precauções (Anvisa, 2024).

1.10.2.2 Diretrizes e padrões de segurança

As diretrizes e os padrões de segurança são cruciais para garantir que os produtos cosméticos não representem riscos à saúde dos consumidores. Vejamos alguns aspectos-chave dessas diretrizes:

- **Proibição de ingredientes perigosos**: a Anvisa proíbe o uso de ingredientes considerados perigosos para a saúde, como substâncias cancerígenas ou tóxicas.

- **Testes de sensibilização**: produtos cosméticos são submetidos a testes de sensibilização para avaliar possíveis reações alérgicas.
- **Avaliação de risco**: a avaliação de risco é conduzida para determinar a segurança dos produtos, levando em consideração a exposição dos consumidores (Anvisa, 2012).

1.10.2.3 Rotulagem de produtos cosméticos no Brasil

A rotulagem de produtos cosméticos no Brasil é estritamente regulamentada e visa fornecer informações claras e precisas aos consumidores. Alguns elementos-chave na rotulagem são:

- **Lista de ingredientes**: a lista de ingredientes deve ser apresentada em ordem decrescente de concentração, permitindo que os consumidores saibam o que estão aplicando em sua pele.
- **Modo de uso**: as instruções de uso devem ser claras e detalhadas para garantir a segurança e a eficácia do produto.
- **Precauções**: a rotulagem deve conter precauções e advertências necessárias para o uso seguro do produto.

1.10.2.4 Legislação de produtos cosméticos no Brasil

No Brasil, a regulamentação da cosmetologia é principalmente controlada pela Anvisa, que estabelece diretrizes e regulamentos específicos para produtos cosméticos. Algumas das principais leis e regulamentos relacionados à cosmetologia no Brasil incluem:

- **Lei n. 6.360, de 23 de setembro de 1976**: essa lei estabelece o controle sanitário de produtos, substâncias e medicamentos, incluindo produtos cosméticos. Ela define as regras gerais para registro, produção, distribuição e comercialização de produtos de saúde e higiene (Brasil, 1976).
- **Resolução da Diretoria Colegiada (RDC) n. 350, de 19 de março de 2020**: essa resolução atualiza os procedimentos para registro de produtos cosméticos e seus ingredientes. Também estabelece requisitos específicos para rotulagem, composição e segurança de produtos cosméticos (Brasil, 2020).
- **Resolução da Diretoria Colegiada (RDC) n. 4, de 30 de janeiro de 2014**: essa resolução determina as BPF para produtos de higiene pessoal, cosméticos e perfumes. As BPF são essenciais para garantir a qualidade e a segurança dos produtos durante o processo de fabricação (Brasil, 2014).
- **Resolução da Diretoria Colegiada (RDC) n. 639, de 24 de março de 2022**: essa resolução estabelece a lista de substâncias que não podem ser usadas em produtos cosméticos em virtude de preocupações com a segurança. Ela também define os limites de concentração permitidos para certos ingredientes (Brasil, 2022).
- **Resolução da Diretoria Colegiada (RDC) n. 126, de 16 de maio de 2005**: essa resolução regulamenta a rotulagem de produtos cosméticos no Brasil, estabelecendo diretrizes para informações obrigatórias, advertências e precauções (Brasil, 2005).

Além dessas leis e resoluções, a Anvisa emite orientações e atualizações regulares para garantir a segurança e a qualidade dos produtos cosméticos no país. É importante estar atualizado sobre as regulamentações mais recentes para assegurar o cumprimento das leis nacionais relacionadas à cosmetologia.

1.10.3 Comparação com regulamentos em outros países

A regulamentação em cosmetologia varia de um país para outro, com diferenças em termos de rigor e requisitos específicos. A análise comparativa com regulamentos em outros países revela as semelhanças e as diferenças em abordagens regulatórias.

- **União Europeia (UE)**: a UE tem regulamentos rigorosos que proíbem o uso de muitos ingredientes, focando a segurança e a eficácia, como parabenos, formaldeído, ftalatos, hidroquinona e metais tóxicos.
- **Estados Unidos**: os regulamentos nos Estados Unidos são mais flexíveis, com uma abordagem de pós-comercialização, ou seja, os produtos são regulamentados depois de serem lançados no mercado. A Food and Drug Administration (FDA) pode intervir se um produto cosmético for considerado inseguro ou mal rotulado, porém não exige aprovação pré-comercialização para a maioria dos cosméticos. Nesse país, os fabricantes de cosméticos são responsáveis por garantir a segurança dos produtos antes de colocá-los no mercado (Dubois, 2019).

1.10.3.1 Legislação em cosmetologia nos Estados Unidos

Nos Estados Unidos, a FDA desempenha um papel central na regulamentação de produtos cosméticos no país. Esse órgão estabelece diretrizes rigorosas para a rotulagem de produtos cosméticos naqueles país. Algumas de suas determinações incluem a proibição de ingredientes perigosos e a realização de testes de segurança.

A FDA exige que fabricantes notifiquem a agência de novos ingredientes usados em produtos cosméticos. Essa exigência se aplica a ingredientes que não foram previamente utilizados em produtos cosméticos nos Estados Unidos. A notificação fornece à agência informações sobre o uso desses ingredientes e permite que a agência avalie a segurança. Não há definição rigorosa para os termos *natural* e *orgânico* em relação a produtos cosméticos. Contudo, artigos identificados como orgânicos devem atender às diretrizes do Programa Nacional Orgânico (NOP) (Dubois, 2019).

1.10.3.2 Legislação em cosmetologia na UE

A UE é conhecida por regulamentações rigorosas que abrangem uma ampla gama de setores, incluindo a indústria de produtos cosméticos. O Regulamento (CE) n. 1223/2009 é a principal norma que estabelece as diretrizes para a regulamentação de produtos cosméticos na UE. Ela foi projetada para garantir a segurança dos produtos cosméticos disponíveis no mercado europeu.

A abordagem da UE para a avaliação de ingredientes e produtos cosméticos é abrangente e baseada em princípios de segurança. Algumas considerações-chave incluem: avaliação científica, testes em animais e notificação de produtos.

A UE trabalha em cooperação com outras regiões do mundo para harmonizar padrões de segurança de produtos cosméticos. Isso é evidenciado pelo acordo de colaboração entre a UE, os Estados Unidos e o Japão na área de regulamentação de produtos cosméticos (Ferreira, 2021).

1.11 Principais conceitos em cosmetologia

A cosmetologia é uma ciência em seu núcleo. Compreender os princípios científicos em que se fundamentam os produtos e os tratamentos cosméticos é essencial em relação aos seguintes aspectos:

- **Formulação de produtos**: a formulação de produtos eficazes requer conhecimento de química, biologia e tecnologia dos materiais para criar combinações seguras e eficazes de ingredientes.
- **Segurança e eficácia**: profissionais de cosmetologia precisam garantir que os produtos sejam seguros e cumpram suas promessas, o que requer a compreensão de como os ingredientes interagem com a pele e o cabelo.

1.11.1 Personalização de tratamentos

Cada indivíduo é único, e a cosmetologia se baseia na capacidade de personalizar tratamentos de acordo com as necessidades específicas de cada pessoa. É preciso compreender conceitos fundamentais, como:

- **Tipo de pele**: conhecer os diferentes tipos de pele e suas características ajuda a adaptar tratamentos e produtos para atender às necessidades de cada cliente.
- **pH da pele**: o pH é um conceito fundamental na cosmetologia, pois afeta a eficácia dos produtos e sua compatibilidade com a pele.

1.11.2 Inovação e tendências

A cosmetologia está em constante evolução, com novas tecnologias, ingredientes e técnicas emergindo regularmente. Compreender alguns conceitos fundamentais permite que os profissionais da área estejam atualizados sobre as tendências e as inovações:

- **Tecnologia de produtos**: conhecer os avanços tecnológicos, como a nanotecnologia ou a impressão 3D de cosméticos, ajuda a acompanhar a evolução do mercado.
- **Ingredientes naturais e orgânicos**: a compreensão dos benefícios e das limitações de ingredientes naturais e orgânicos é essencial para atender à demanda dos consumidores por produtos mais sustentáveis.

1.11.3 Dermatologia

A dermatologia desempenha um papel fundamental na cosmetologia, fornecendo uma base sólida de conhecimento científico que é essencial para a compreensão da pele e dos cuidados com a beleza.

1.11.3.1 Tipos de pele e suas características

A pele é única para cada indivíduo, e os tipos de pele podem ser classificados em:

- **Pele normal**: caracterizada por uma textura suave, equilíbrio de umidade e ausência de problemas visíveis.
- **Pele seca**: geralmente apresenta descamação, aspereza e tendência a rugas em razão da falta de umidade.
- **Pele oleosa**: caracterizada por poros dilatados, brilho excessivo e propensão a acne em virtude da produção excessiva de sebo.
- **Pele mista**: combina características de pele oleosa em certas áreas e de pele seca em outras.

A compreensão do tipo de pele é crucial para recomendar produtos e tratamentos adequados.

Figura 1.1 – Representação das principais características dos diferentes tipos de pele

Normal   Oleosa   Seca   Mista   Sensível

lonesomebunny/Shutterstock

1.11.3.2 pH da pele

O pH é um conceito-chave na dermatologia, pois influencia a barreira ácida da pele e a integridade da epiderme. A manutenção do pH da pele é essencial para prevenir irritações e distúrbios cutâneos.

1.11.3.3 Camadas da pele

A pele é composta por três camadas principais:

1. **Epiderme**: é a camada mais externa da pele, responsável pela proteção contra o ambiente.
2. **Derme**: abaixo da epiderme está a derme, que contém vasos sanguíneos, glândulas sebáceas e folículos pilosos.
3. **Hipoderme**: a camada mais profunda contém tecido adiposo e serve para isolamento e armazenamento de energia.

1.11.3.4 Efeitos do envelhecimento na pele

O envelhecimento afeta a pele de várias maneiras, devendo-se destacar os seguintes aspectos:

- **Rugas**: surgem graças à redução da produção de colágeno e elastina.
- **Perda de elasticidade**: a pele perde sua elasticidade à medida que as fibras de elastina enfraquecem.
- **Manchas da idade**: o acúmulo de danos pelo sol pode resultar em manchas da idade.
- **Redução da renovação celular**: a taxa de renovação celular diminui com a idade.

1.11.3.5 Patologias cutâneas comuns

Existem várias patologias cutâneas comuns, como acne, eczema, psoríase, rosácea e hiperpigmentação. O entendimento dessas condições é essencial para a recomendação de tratamentos e produtos adequados, como veremos na sequência.

1.11.4 Química cosmética

A formulação de produtos cosméticos é uma ciência que combina conhecimentos de química, biologia e tecnologia para criar produtos seguros e eficazes que promovem a saúde e a beleza da pele e dos cabelos (Galembeck; Csordas, 2011; Cornélio; Almeida, 2020; Silva, 2019).

Ingredientes ativos

Ingredientes ativos são substâncias que têm um efeito específico no tratamento ou melhoria da condição da pele ou dos cabelos. Eles são a espinha dorsal de qualquer produto cosmético.

Ácido hialurônico, retinol, vitamina C e niacinamida são exemplos de ingredientes ativos comuns.

Emolientes

Emolientes são ingredientes que amaciam e suavizam a pele, proporcionando hidratação e evitando a perda de umidade.

Óleos vegetais, manteigas e glicerina são emolientes frequentemente usados em produtos cosméticos.

Conservantes

Os conservantes são essenciais para evitar o crescimento de microrganismos indesejados nos produtos cosméticos, garantindo sua segurança e durabilidade.

São exemplos dessas substâncias: parabenos, fenoxietanol e conservantes naturais, como o extrato de semente de toranja.

Tensoativos (surfactantes)

Tensoativos são compostos que reduzem a tensão superficial entre substâncias diferentes, permitindo a mistura de ingredientes que normalmente não se dissolveriam juntos. São usados para limpar a pele e o cabelo, agindo como agentes espumantes em produtos de limpeza, como sabonetes e xampus.

Veículos

Os veículos são ingredientes que servem como base ou carreador para os ingredientes ativos e outros componentes de um produto cosmético. A água é um veículo comum em muitos produtos cosméticos, funcionando como solvente e meio de transporte para outros ingredientes.

1.11.4.1 Interações químicas na formulação

Entender as interações químicas é fundamental na formulação de produtos cosméticos. Alguns processos importantes são:

- **Sinergia de ingredientes**: é preciso compreender como ingredientes ativos interagem entre si, potencializando seus efeitos.
- **Estabilidade**: deve-se controlar a estabilidade dos produtos, evitando reações químicas indesejadas que podem prejudicar a qualidade do produto.

1.11.5 Ingredientes cosméticos

Os produtos cosméticos são formulados com uma ampla variedade de ingredientes que têm propriedades únicas e oferecem benefícios específicos para a pele e os cabelos. A seguir, veremos os componentes mais comuns utilizados em produtos cosméticos, incluindo vitaminas, antioxidantes, ácidos, proteínas e óleos essenciais, destacando suas funcionalidades e os benefícios que proporcionam (Leonardi, 2004; Ribeiro, 2010; Draelos, 1999).

Vitamina C (ácido ascórbico)

- Funcionalidade: antioxidante; ajuda a clarear a pele e estimula a produção de colágeno.
- Benefícios: combate o envelhecimento, reduz manchas e aumenta a luminosidade da pele.

Vitamina E (tocoferol)

- Funcionalidade: antioxidante; protege a pele dos danos causados pelos radicais livres.
- Benefícios: reduz a inflamação e ajuda a manter a hidratação da pele.

Coenzima Q10

- Funcionalidade: protege contra os danos causados pelo sol e aumenta a produção de colágeno.
- Benefícios: combate os sinais de envelhecimento e reduz rugas e linhas finas.

Ácido alfa-lipoico

- Funcionalidade: poderoso antioxidante; regenera outros antioxidantes, como as vitaminas C e E.
- Benefícios: melhora a textura da pele e minimiza os poros.

Ácido hialurônico

- Funcionalidade: hidratante; retém a umidade na pele.
- Benefícios: reduz a secura e preenche rugas e linhas finas.

Ácido salicílico

- Funcionalidade: queratolítico; desobstrui os poros.
- Benefícios: trata a acne e reduz a oleosidade.

Colágeno

- Funcionalidade: estrutural; proporciona firmeza e elasticidade à pele.
- Benefícios: reduz rugas e melhora a firmeza da pele.

Queratina

- Funcionalidade: fortalece o cabelo e previne a quebra.
- Benefícios: deixa o cabelo mais saudável, brilhante e fácil de pentear.

Óleo de lavanda

- Funcionalidade: relaxante; anti-inflamatório.
- Benefícios: alivia a tensão e reduz a vermelhidão da pele.

Óleo de *tea tree* (melaleuca)

- Funcionalidade: antibacteriano; antifúngico.
- Benefícios: trata a acne e alivia a coceira no couro cabeludo.

1.11.6 Processo de formulação

O desenvolvimento de produtos cosméticos é um processo complexo, que combina ciência, criatividade e tecnologia. Veremos a seguir cada uma das etapas desse processo detalhadamente.

1.11.6.1 Concepção do produto

Primeiramente, busca-se identificar a necessidade, ou seja, a concepção começa com a identificação de uma necessidade no mercado, seja por um novo produto, seja por uma melhoria em um existente.

Em seguida, tem início o processo de pesquisa e desenvolvimento. Nesse contexto, a pesquisa é fundamental para entender as tendências do mercado, os ingredientes disponíveis e as necessidades dos consumidores.

1.11.6.2 Formulação e desenvolvimento

Com base na pesquisa, os ingredientes são selecionados tendo em vista sua funcionalidade e eficácia. Então, a formulação é criada, com uma combinação de ingredientes ativos, emolientes, conservantes e veículos.

Na sequência, a formulação passa por testes de laboratório para avaliar sua estabilidade, textura, aroma e eficácia.

1.11.6.3 Testes clínicos e de segurança

A próxima etapa envolve a testagem dos produtos. Primeiramente, são realizados testes em pele: os produtos são experimentados em voluntários para avaliar a irritação, a presença de alergias e a eficácia.

Na sequência, procede-se à avaliação da segurança do produto em conformidade com regulamentações governamentais.

1.11.6.4 Estabilidade e eficácia

A etapa subsequente são os estudos de estabilidade. Os produtos são submetidos a testes para garantir que não se deteriorem com o tempo.

Em seguida, ocorre a avaliação da eficácia, em que esta é medida para assegurar que o produto atenda às reivindicações de *marketing*.

1.11.6.5 Fabricação

Na etapa de fabricação, o primeiro item de destaque é a escalabilidade: a formulação é adaptada para a produção em larga escala. Depois, é feito o controle de qualidade, em que procedimentos rigorosos são implementados para garantir a qualidade consistente do produto final.

1.11.6.6 Regulamentação e documentação

Os produtos cosméticos devem cumprir regulamentações locais e internacionais, e a preparação da documentação detalhada é essencial para comprovar a segurança e a eficácia do produto.

1.12 Classificação de produtos cosméticos

A indústria de beleza e cuidados pessoais é vasta e diversificada, com uma ampla gama de produtos disponíveis no mercado. Para garantir a organização e a regulamentação eficaz, a classificação de produtos cosméticos desempenha um papel crucial.

A classificação de produtos cosméticos permite a padronização, facilitando a criação de regulamentos e diretrizes de segurança. A compreensão do mercado ajuda a avaliar a amplitude e a variedade dos produtos disponíveis, possibilitando a realização de análises de mercado mais precisas. Tudo isso, associado à comunicação efetiva, facilita a interlocução entre fabricantes, reguladores, varejistas e consumidores, assegurando que todos compreendam claramente os produtos.

1.12.1 Objetivos da classificação de produtos cosméticos

- **Identificação e categorização**: a principal finalidade é identificar e categorizar produtos com base em sua composição, uso e função. Isso inclui categorias como maquiagem, cuidados com a pele, cuidados capilares, fragrâncias, entre outras.
- **Regulamentação e segurança**: a classificação ajuda a determinar quais produtos estão sujeitos a regulamentos específicos, garantindo que sejam seguros para uso.

- **Facilitação da comercialização**: simplifica a distribuição e a comercialização, permitindo que varejistas e consumidores identifiquem produtos de acordo com suas necessidades.

1.12.2 Como os produtos são categorizados

- **Tipo de produto**: os produtos são categorizados com base em sua forma – líquidos, cremes, géis, loções, pós etc.
- **Finalidade**: os produtos são relacionados de acordo com sua finalidade principal – produtos de limpeza, hidratantes, antienvelhecimento, maquiagem, protetores solares etc.
- **Ingredientes-chave**: a presença de ingredientes específicos, como retinol, ácido hialurônico ou antioxidantes, pode determinar a categoria de um produto – antienvelhecimento, hidratação, clareamento, controle de oleosidade etc.
- **Grupo etário**: alguns produtos são categorizados para atender a grupos etários específicos – produtos para bebês, adultos ou idosos, por exemplo.

1.12.3 Classificação baseada na função

A classificação de produtos cosméticos é uma ferramenta essencial para a indústria da beleza e dos cuidados pessoais. Ela permite a organização e a compreensão de uma ampla gama de produtos com funções diversas. Vejamos algumas classes de funções na sequência.

1.12.3.1 Cuidados com a pele

- **Hidratantes**: produtos que fornecem hidratação para a pele, incluindo loções, cremes e géis.
- **Produtos anti-idade**: desenvolvidos para combater os sinais de envelhecimento, como no caso de séruns e cremes antirrugas.
- **Protetores solares**: produtos que oferecem proteção contra os raios UV e ajudam a prevenir danos causados pelo sol.
- **Produtos para acne**: tratamentos que visam controlar e reduzir a acne, como géis e loções.

1.12.3.2 Cuidados com o cabelo

- **Xampus**: produtos de limpeza capilar que removem impurezas e óleos.
- **Condicionadores**: utilizados para suavizar, desembaraçar e hidratar o cabelo.
- **Tratamentos capilares**: produtos para reparar, fortalecer ou condicionar profundamente o cabelo.
- **Coloração capilar**: tinturas e produtos para mudar a cor do cabelo.

1.12.3.3 Cuidados com as unhas

- **Esmaltes**: produtos para colorir e decorar as unhas, disponíveis em diversas cores e acabamentos.
- **Removedores de esmalte**: soluções que facilitam a remoção de esmalte antigo.

1.12.3.4 Maquiagem

- **Maquiagem para o rosto**: bases, corretivos, pós e *blush*.
- **Maquiagem para os olhos**: sombras, delineadores e máscaras de cílios.
- **Maquiagem para os lábios**: batons, *gloss* e delineadores labiais.
- **Maquiagem para sobrancelhas**: produtos para definir e preencher sobrancelhas.

1.12.3.5 Fragrâncias

- **Perfumes**: fragrâncias líquidas com diversas notas olfativas.
- **Colônias**: fragrâncias mais leves e refrescantes.
- **Loções e cremes perfumados**: produtos que fornecem uma fragrância suave à pele.

1.12.4 Classificação por tipo de formulação

Essa abordagem permite uma análise científica detalhada das características de cada tipo de formulação, ajudando a determinar quando e por que os produtos são mais apropriados para diferentes aplicações (Rebello, 2015).

1.12.4.1 Formulação líquida

Produtos líquidos são predominantemente à base de água ou óleo e têm uma consistência fluida. Eles podem conter uma variedade de ingredientes ativos dissolvidos ou dispersos uniformemente. Esses produtos são adequados para uma grande variedade de aplicações, incluindo tônicos faciais, séruns, loções hidratantes, perfumes e maquiagem líquida.

1.12.4.2 Formulação em creme

Cremes são emulsões estáveis, uma mistura de água e óleo que resulta em uma textura mais espessa e rica. Eles geralmente contêm emolientes para hidratação. São ideais para produtos de cuidados com a pele, como hidratantes faciais, produtos anti--idade e cremes para as mãos.

Figura 1.2 – Dispensação de produtos cosméticos na forma de creme – uma das possibilidades de formulação

1.12.4.3 Formulação em gel

Géis são formulações aquosas ou oleosas que apresentam uma textura gelatinosa. Eles podem conter agentes espessantes para manter a consistência. Os produtos com essa formulação são frequentemente usados em produtos para pele oleosa, como géis de limpeza, protetores solares em gel e produtos para cabelo, como géis modeladores.

1.12.4.4 Formulação em loção

Loções são emulsões leves, geralmente mais fluidas do que cremes. Elas oferecem uma mistura equilibrada de água e óleo. Loções são comuns em hidratantes corporais, protetores solares, produtos pós-barba e produtos para limpeza facial.

1.12.4.5 Formulação em pó

Produtos em pó são sólidos, compostos por partículas finamente moídas. Eles podem ser à base de minerais, talco ou amido. São ideais para maquiagem, como no caso de bases em pó, sombras, *blushes* e produtos de finalização. Também são usados em produtos de cuidados com os pés e antitranspirantes.

1.12.5 Classificação de acordo com ingredientes ativos

A escolha dos ingredientes corretos é fundamental para atender às necessidades individuais da pele.

1.12.5.1 Retinol: o poder da renovação celular

- Benefícios: o retinol, uma forma da vitamina A, é conhecido por promover a renovação celular, reduzir rugas e linhas finas, combater a hiperpigmentação e melhorar a textura da pele.
- Aplicações: produtos com retinol são frequentemente encontrados em cremes antienvelhecimento, soros e tratamentos noturnos.

1.12.5.2 Ácido hialurônico: hidratação profunda

- Benefícios: o ácido hialurônico é um poderoso agente de hidratação que retém a umidade na pele, preenchendo linhas finas e rugas e proporcionando uma pele mais suave e jovem.
- Aplicações: é comum em soros e produtos hidratantes, especialmente em produtos voltados para a hidratação intensiva.

1.12.5.3 Vitamina C: uma aliada antioxidante

- Benefícios: a vitamina C é conhecida por sua capacidade de combater os danos causados pelos radicais livres, uniformizar o tom da pele e estimular a produção de colágeno.
- Aplicações: é um ingrediente comum em soros e produtos para iluminar a pele, bem como em protetores solares.

1.12.5.4 Ácidos alfa e beta-hidroxi: renovação e esfoliação

- Benefícios: esses ácidos promovem a esfoliação suave da pele, ajudando a combater a acne, melhorar a textura e reduzir manchas escuras.
- Aplicações: são frequentemente encontrados em esfoliantes, máscaras e tratamentos direcionados.

1.12.5 Escolhendo produtos com ingredientes adequados

A importância da individualização deve-se ao fato de que cada pele é única, e a escolha dos produtos deve levar em consideração essas necessidades específicas. Consultar um dermatologista é importante para determinar quais ingredientes são mais apropriados.

Uma rotina de cuidados com a pele que inclua ingredientes ativos adequados pode proporcionar benefícios duradouros. Cabe lembrar que é preciso ter paciência, pois alguns ingredientes ativos podem levar tempo para mostrar resultados; ademais, a consistência na aplicação é fundamental.

1.12.6 Classificação por público-alvo

A classificação de produtos cosméticos com base no público-alvo é uma estratégia essencial na indústria de beleza e de cuidados pessoais. Cada grupo demográfico (bebês, crianças, adolescentes, adultos, homens, mulheres ou idosos) tem necessidades específicas de cuidados com a pele e preferências de produtos.

1.12.6.1 Produtos para bebês e crianças

☐ Necessidades específicas: produtos para bebês e crianças são formulados para serem suaves e hipoalergênicos, pois a pele infantil é mais sensível. Hidratantes, loções e sabonetes são comuns nessa categoria.

- Ênfase na segurança: a segurança é a prioridade máxima, com formulações cuidadosamente projetadas para evitar irritações e alergias.

1.12.6.2 Produtos para adolescentes

- Necessidades específicas: adolescentes podem enfrentar problemas com acne, oleosidade ou desequilíbrios hormonais. Produtos para o tratamento da acne, esfoliantes suaves e protetores solares são populares.
- Foco na prevenção: os produtos podem ser voltados para prevenir problemas de pele comuns na adolescência e estabelecer uma rotina de cuidados.

1.12.6.3 Produtos para adultos

- Necessidades específicas: a categoria de adultos é a mais ampla e abrange cuidados com pele, cabelo, maquiagem e fragrâncias. Produtos antienvelhecimento, hidratantes, maquiagem e produtos para cuidados com o cabelo estão incluídos.
- Variedade de escolhas: adultos têm uma ampla gama de produtos à disposição para atender às suas necessidades e preferências individuais.

1.12.6.4 Produtos para homens

- Necessidades específicas: produtos para homens podem incluir produtos de barbear, pós-barba e para cuidados com a barba, bem como hidratantes formulados para a pele masculina.
- Simplicidade e eficácia: os produtos para homens muitas vezes enfatizam a simplicidade e a eficácia, atendendo às necessidades específicas da pele masculina.

1.12.6.5 Produtos para mulheres

- Necessidades específicas: as mulheres têm uma vasta gama de produtos a seu dispor, desde cuidados com a pele e o cabelo até maquiagem.
- Diversidade de escolhas: a variedade de produtos para mulheres reflete as diferentes necessidades e preferências em relação à beleza e a cuidados pessoais.

1.12.6.6 Produtos para idosos

- Necessidades específicas: produtos para idosos muitas vezes se concentram em hidratação, redução de rugas e cuidados com a pele sensível. Produtos antienvelhecimento são comuns.
- Hidratação e nutrição: a pele madura pode precisar de hidratação intensiva e ingredientes nutritivos para manter a saúde e a vitalidade.

1.12.7 Classificação por área de aplicação

Cada parte do corpo tem as próprias particularidades e necessidades, e os produtos formulados para atender a essas especificidades desempenham um papel crucial.

Rosto: cuidados delicados para a área central da expressão

- Características da pele: a pele do rosto é mais fina e sensível, sujeita a rugas, acne e manchas escuras.
- Produtos comuns: hidratantes faciais, protetores solares, produtos antienvelhecimento e maquiagem.

Corpo: hidratação e nutrição para a pele

- Características da pele: a pele do corpo é mais espessa e resistente, mas também pode sofrer ressecamento e necessita de cuidados constantes.
- Produtos comuns: loções corporais, óleos, produtos esfoliantes e cremes específicos para áreas problemáticas.

Olhos: redução de inchaço e olheiras

- Características da pele: a pele ao redor dos olhos é delicada e propensa a inchaço e olheiras.
- Produtos comuns: cremes para os olhos, géis e máscaras para o tratamento dessas áreas específicas.

Lábios: hidratação e proteção contra condições climáticas

- Características da pele: não há glândulas sebáceas nos lábios, por isso eles precisam de hidratação frequente.
- Produtos comuns: protetores labiais, *balms* e produtos para esfoliação suave.

Cabelo: fortalecimento e estilização

- Características do cabelo: o cabelo pode ser de diferentes tipos e texturas, requerendo produtos variados.
- Produtos comuns: xampus, condicionadores, máscaras capilares, produtos de estilização e tratamentos específicos.

Mãos: hidratação e proteção constante

- Características da pele: as mãos estão constantemente expostas e sujeitas a ressecamento e envelhecimento prematuro.
- Produtos comuns: cremes para as mãos, protetores solares específicos e produtos antienvelhecimento.

Pés: cuidados específicos para suporte e conforto

- Características da pele: os pés têm uma pele mais espessa e necessitam de cuidados específicos, especialmente em áreas de pressão.
- Produtos comuns: cremes para os pés, produtos esfoliantes e tratamentos para calos.

Síntese

A indústria de produtos cosméticos está em constante evolução, impulsionada por mudanças nas preferências dos consumidores, regulamentações e avanços tecnológicos. As tendências recentes em produtos cosméticos, ingredientes e tecnologias refletem uma busca por produtos mais seguros, personalizados, sustentáveis e eficazes. À medida que a indústria se adapta a essas tendências, a inovação e a diversidade de produtos cosméticos continuam a prosperar, atendendo às crescentes demandas e expectativas dos consumidores.

A análise das preferências do consumidor e as mudanças nos padrões de consumo são determinantes para o sucesso das empresas e a evolução das indústrias. À medida que a sociedade se desenvolve, fatores demográficos, tecnológicos, culturais e sustentáveis vão moldando as escolhas do consumidor. As empresas que compreendem essas mudanças e se adaptam a elas estão em uma posição mais forte para atender às necessidades de seus clientes e prosperar em um ambiente de negócios dinâmico. A análise contínua das preferências do consumidor é, portanto, um componente crucial das estratégias de *marketing* e de desenvolvimento de produtos.

Para saber mais

ABIHPEC – Associação Brasileira da Indústria de Higiene Pessoal, Perfumaria e Cosméticos. Disponível em: <https://abihpec.org.br/>. Acesso em: 12 jun. 2024.

Atividades de autoavaliação

1. Sobre a comparação entre o Brasil e outros países/regiões, assinale V para verdadeiro e F para falso:
   ( ) A maioria das regulamentações tem como objetivo primordial garantir a segurança do consumidor. Isso inclui a proibição ou a restrição de ingredientes perigosos e a realização de testes de segurança.
   ( ) Muitos países/regiões exigem que os fabricantes cumpram boas práticas de fabricação (BPF) para garantir a qualidade e a segurança dos produtos.
   ( ) Poucas regulamentações exigem que os produtos cosméticos sejam rotulados de forma clara e precisa, fornecendo informações sobre ingredientes, modo de uso e precauções.
   ( ) Diferentes países/regiões têm listas distintas de ingredientes proibidos ou restritos, refletindo preocupações específicas de segurança.
   ( ) Os requisitos para notificação ou registro de produtos variam amplamente, afetando a facilidade de entrada no mercado.

2. Explique por que a variação nas regulamentações pode impactar a segurança do consumidor.

3. Relacione as assertivas com os tipos de pele (seca, normal ou oleosa):
   (   ) Textura suave
   (   ) Ausência de problemas visíveis
   (   ) Descamação
   (   ) Tendência a rugas

(   ) Poros dilatados
(   ) Propensão a acne

4. Produtos cosméticos podem ser classificados sob diversos aspectos. Cite alguns e explique-os.

5. Qual das seguintes afirmações é verdadeira sobre o uso de cosméticos no Egito Antigo, na Grécia e em Roma?
   a) No Egito Antigo, o uso de cosméticos era restrito a faraós e sacerdotes e não era comum entre a população em geral.
   b) Os gregos e os romanos acreditavam que o uso de cosméticos era prejudicial à saúde da pele e, portanto, evitavam seu uso.
   c) O Egito Antigo era conhecido por seu uso generalizado de cosméticos, incluindo maquiagem e perfumes, que eram populares tanto entre homens quanto entre mulheres.
   d) Os gregos e os romanos não tinham conhecimento sobre a produção de cosméticos, e essa prática era exclusiva dos egípcios.

Atividades de aprendizagem

Questões para reflexão

1. Como os produtos cosméticos que você usa diariamente afetam sua percepção de si mesmo e seu bem-estar? Você já considerou os impactos ambientais e éticos dos produtos de beleza que utiliza?

2. Como você reage às novas tendências e inovações na indústria da beleza? Você investe tempo e recursos para experimentar produtos inovadores ou prefere seguir métodos tradicionais?

3. Como os padrões de beleza promovidos pela mídia influenciam sua percepção de si mesmo e suas escolhas de produtos cosméticos?

Atividade aplicada: prática

1. Diário de bordo – Cuidados com a pele
   - **Objetivo**: Aplicar conhecimentos teóricos na prática pessoal e refletir sobre os resultados.

   Atividade:
   - Registro diário: Os alunos devem manter um diário de bordo por um período determinado (por exemplo, quatro semanas) registrando os produtos que usam, a frequência, os efeitos observados e qualquer mudança na pele.
   - Reflexão e análise: No final do período, deve-se escrever uma análise refletindo sobre como os produtos e as práticas se alinham com os conhecimentos teóricos adquiridos.

   Exemplo:
   - Diário de bordo de uma rotina de cuidados com a pele utilizando produtos com ácido salicílico e as mudanças observadas.

Capítulo 2

Comprovação de segurança de produtos cosméticos

Neste capítulo, vamos abordar em mais detalhes a segurança dos cosméticos, as regulamentações nacionais e internacionais que guiam a segurança na indústria do setor e os testes realizados para determinar a segurança dos produtos comercializados.

2.1 Principais testes laboratoriais para a segurança de produtos cosméticos

A segurança dos produtos cosméticos é prioridade para a indústria e igualmente importante para os consumidores. A confiança na qualidade e na segurança dos produtos cosméticos é essencial para seu sucesso no mercado. Nesse sentido, é essencial ter uma compreensão abrangente dos testes laboratoriais usados para avaliar a segurança desses produtos, garantindo que eles atendam aos mais altos padrões de qualidade e segurança (Ferreira, 2021).

2.1.1 Teste de estabilidade

O teste de estabilidade tem como objetivo avaliar o modo como o produto se comporta ao longo do tempo em relação a fatores como luz, temperatura e umidade, garantindo que sua eficácia e segurança sejam mantidas.

Um exemplo de aplicação é o armazenamento do produto em diferentes condições e a medição das alterações em sua cor, textura e odor ao longo do tempo.

A garantia de pureza também é um aspecto crítico sobre a qualidade dos produtos cosméticos, e alguns pontos-chave relacionados a ela incluem:

- **Testes microbiológicos**: checam presença de bactérias, fungos e outros microrganismos que possam contaminar o produto.
- **Testes de contaminantes químicos**: verificam a ausência de substâncias químicas indesejadas, como metais tóxicos ou solventes.

A realização regular desses testes é essencial para garantir que os produtos cosméticos mantenham sua qualidade ao longo do tempo, sendo particularmente importantes porque os produtos podem ser armazenados por longos períodos antes de serem vendidos e usados pelos consumidores. A integridade das características do produto e sua pureza são críticas para a eficácia e a segurança (Chorilli, 2007).

2.1.2 Teste de irritação cutânea

O teste de irritação cutânea serve para avaliar a probabilidade de o produto causar irritação ou sensibilização na pele. É feito pela aplicação controlada do produto na pele de voluntários para verificar possíveis reações adversas, como vermelhidão, coceira ou inchaço.

Todos os testes associados às interações pele-cosmético devem ser rigorosos e adequados, de modo a garantir uma amplitude de segurança biológica e comercial, além de geralmente serem necessários antes do lançamento de um produto no mercado. Entre esses testes, o teste de patch é um método comum e amplamente reconhecido.

O teste de *patch*: avaliando a irritação cutânea

O teste de *patch* é uma técnica confiável e amplamente utilizada na avaliação da irritação cutânea. Esse teste envolve os seguintes passos:

- **Preparação do produto**: uma quantidade controlada do produto é aplicada em um adesivo ou curativo.
- **Aplicação na pele**: o adesivo ou curativo com o produto é aplicado na pele, geralmente na parte superior das costas ou no antebraço, e é deixado em contato com a pele por um período.
- **Monitoramento**: durante e após o período de contato, a área é monitorada para avaliar a presença de sinais de irritação, como vermelhidão, inchaço, coceira ou outros sintomas.

Os resultados dos testes de irritação cutânea ajudam a classificar os produtos cosméticos em seguros ou irritantes e desempenham um papel fundamental na tomada de decisões sobre a comercialização desses produtos.

2.1.3 Teste de sensibilização dérmica

O objetivo do teste de sensibilização dérmica é determinar se o produto pode causar reações alérgicas na pele quando em contato prolongado. É realizado aplicando-se repetidamente o produto na pele de voluntários por um período estendido para observar possíveis reações alérgicas.

O teste de sensibilização dérmica é uma técnica comum na avaliação da sensibilidade da pele a determinados ingredientes e segue estes passos:

- **Seleção de voluntários**: voluntários saudáveis, com histórico de pele saudável, são selecionados para o teste.
- **Aplicação controlada do produto**: o produto é aplicado na pele dos voluntários, geralmente na parte superior das costas ou no antebraço, de acordo com um protocolo específico.
- **Aplicação repetida**: o produto é aplicado repetidamente em intervalos específicos ao longo de um período determinado.
- **Monitoramento das reações**: durante e após o teste, a pele é cuidadosamente monitorada quanto a reações adversas, como vermelhidão, inchaço, coceira ou erupções cutâneas.

Produtos que demonstram desencadear alergias cutâneas geralmente são reformulados para evitar a inclusão dos ingredientes alérgenos.

2.1.4 Teste de toxicidade aguda

O teste de toxicidade aguda é utilizado para avaliar o potencial de toxicidade do produto, se ingerido, inalado ou em contato com os olhos. A testagem é feita por meio da administração controlada do produto em laboratório para observar possíveis efeitos adversos.

2.1.5 Teste de segurança ocular

O teste de segurança ocular é realizado para avaliar a segurança do produto quando em contato com os olhos, de modo a evitar irritações ou danos. O teste é feito pela aplicação controlada do produto nos olhos de voluntários para avaliar possíveis reações adversas.

2.1.6 Testes de fototoxicidade e fotoalergia

A exposição ao sol é uma parte inevitável da vida cotidiana, e a indústria de cosméticos deve garantir que os produtos que fabrica sejam seguros quando usados ao ar livre.

A fototoxicidade e a fotoalergia são dois tipos distintos de reações da pele à exposição solar:

1. **Fototoxicidade**: ocorre quando um produto cosmético causa uma reação direta na pele quando exposta à luz solar. Essa reação pode se manifestar como vermelhidão, inchaço ou irritação.
2. **Fotoalergia**: é uma reação alérgica que é desencadeada pela luz solar. Isso significa que o produto em si pode não ser um alérgeno, mas, quando a pele entra em contato com o produto e é exposta à luz solar, uma reação alérgica ocorre.

2.1.6.1 A importância dos testes de fototoxicidade e fotoalergia

A fototoxicidade e a fotoalergia são preocupações essenciais, especialmente para produtos destinados a uso ao ar livre, como protetores solares e produtos de cuidados com a pele. Esses testes permitem avaliar se os ingredientes de um produto têm o potencial de causar reações adversas quando expostos à luz solar, ajudando a garantir a segurança do consumidor.

Os testes de fototoxicidade e fotoalergia envolvem a aplicação controlada do produto ou de seus ingredientes na pele de voluntários. A pele tratada é então exposta à luz solar ou a fontes de luz artificial que simulam a luz solar. Os pesquisadores monitoram atentamente a pele para identificar qualquer reação, como vermelhidão, inchaço, coceira ou erupções cutâneas. A intensidade e a duração da reação são registradas (Chorilli, 2007).

2.2 A bioquímica e a cosmetologia

A bioquímica e a cosmetologia são áreas interligadas que desempenham um papel fundamental no desenvolvimento e na compreensão dos produtos cosméticos. A bioquímica fornece o conhecimento essencial sobre os processos químicos e biológicos que ocorrem na pele e nos cabelos, permitindo a formulação de produtos eficazes e seguros. Por outro lado, a cosmetologia utiliza esses princípios bioquímicos para criar soluções inovadoras que promovem a saúde e a beleza da pele e dos cabelos. A seguir, trataremos em detalhes da relação entre a bioquímica e a cosmetologia, destacando como a compreensão dos processos bioquímicos é essencial para o desenvolvimento e a eficácia dos cosméticos modernos (Papaléo Netto, 2002; Peyrefitte; Martini; Chivot, 1998).

2.2.1 Bases bioquímicas da pele e dos cabelos

A pele e os cabelos são estruturas complexas do corpo humano, compostas por uma variedade de componentes bioquímicos que desempenham papéis essenciais em sua função e saúde. A compreensão da bioquímica subjacente a esses tecidos é fundamental para entender sua estrutura, função e os processos relacionados à sua saúde e cuidados.

2.2.1.1 Pele

A pele é o maior órgão do corpo humano e desempenha papéis vitais na proteção contra agentes externos, na regulação da temperatura corporal, na excreção de substâncias e na percepção sensorial. Sua estrutura é composta por três camadas principais: epiderme, derme e hipoderme.

- **Epiderme**: a camada mais externa da pele é a epiderme, composta principalmente de células queratinizadas, chamadas *queratinócitos*. A queratina é uma proteína fibrosa que fornece resistência e proteção à pele contra danos físicos e agentes ambientais. Além disso, a epiderme contém melanócitos, que

produzem melanina, um pigmento que confere cor à pele e a protege contra os danos causados pela radiação ultravioleta.
- **Derme**: a derme é a camada intermediária da pele e contém uma matriz extracelular rica em colágeno e elastina, que conferem resistência e elasticidade à pele. Também abriga vasos sanguíneos, nervos, folículos pilosos e glândulas sudoríparas e sebáceas.
- **Hipoderme**: a camada mais profunda da pele, a hipoderme, é composta por tecido adiposo, que atua como isolante térmico e reserva de energia.

Os processos bioquímicos essenciais na pele incluem a síntese de colágeno e elastina, a produção de melanina pelos melanócitos em resposta à exposição solar e a regulação do equilíbrio hídrico pela produção de sebo pelas glândulas sebáceas (Papaléo Netto, 2002; Peyrefitte; Martini; Chivot, 1998).

2.2.1.2 Cabelos

Os cabelos são estruturas filamentosas que crescem a partir de folículos pilosos na pele do couro cabeludo. Sua bioquímica é complexa e envolve vários componentes essenciais para sua estrutura e função.

- **Queratina**: assim como na pele, os cabelos são compostos principalmente por queratina, uma proteína fibrosa que confere resistência e elasticidade aos fios capilares.
- **Melanina**: a cor dos cabelos é determinada pela quantidade e pelo tipo de melanina presente nos melanócitos do folículo

piloso. A melanina também protege os cabelos dos danos causados pela radiação ultravioleta.
- **Lipídios**: os lipídios presentes na película lipídica que cobre a superfície do cabelo ajudam a manter a integridade da cutícula, prevenindo a perda de umidade e protegendo os cabelos contra danos ambientais.
- **Proteínas**: além da queratina, os cabelos também contêm outras proteínas, como a queratina associada a filamentos (KAPs), que ajuda a estabilizar a estrutura do cabelo e contribui para sua resistência.

Os processos bioquímicos relacionados aos cabelos incluem a síntese de queratina no folículo piloso, a produção e a distribuição de melanina para determinar a cor do cabelo e a manutenção da integridade da cutícula por meio da produção de lipídios e proteínas.

Em suma, a bioquímica da pele e dos cabelos é fundamental para sua estrutura, função e saúde. Compreender os componentes e os processos bioquímicos relacionados a esses tecidos é essencial para o desenvolvimento de produtos e tratamentos eficazes para mantê-los saudáveis e protegidos contra danos (Goulart, 2010).

2.2.2 Lipídios cutâneos: pilares da saúde e da beleza da pele

Os lipídios cutâneos são elementos fundamentais para a integridade e a vitalidade da pele, desempenhando papéis cruciais na manutenção de sua saúde e beleza. Essas moléculas, que incluem ceramidas, ácidos graxos e colesterol, têm uma função central na formação da barreira lipídica, uma estrutura complexa que reveste a superfície da pele e assume um papel crucial na proteção contra agressores externos e na manutenção da hidratação.

2.2.2.1 Composição e função dos lipídios cutâneos

Os lipídios cutâneos são uma família diversificada de moléculas que se organizam em uma matriz complexa na camada mais externa da pele, formando a chamada *barreira lipídica*. As ceramidas, em particular, desempenham um papel fundamental na coesão das células da camada córnea, ajudando a manter a integridade da barreira. Os ácidos graxos, por sua vez, são responsáveis por fornecer flexibilidade à barreira lipídica, enquanto o colesterol atua como um modulador essencial, influenciando a organização e a fluidez dos lipídios.

A função primordial desses lipídios é formar uma barreira eficaz, que impeça a perda excessiva de água da pele, conhecida como *transepidermal water loss* (TEWL), bem como proteger contra a penetração de substâncias nocivas, como bactérias, toxinas e poluentes. Além disso, os lipídios cutâneos regulam a permeabilidade cutânea, controlando a entrada e a saída de moléculas através da pele, e protegem contra infecções e irritações.

2.2.2.2 Importância na cosmetologia

O estudo da bioquímica dos lipídios cutâneos é de suma importância na cosmetologia, pois fornece *insights* valiosos para o desenvolvimento de produtos de cuidados com a pele eficazes e inovadores. Compreender a composição e a função dos lipídios cutâneos permite formular cosméticos que fortaleçam e protejam a barreira lipídica, promovendo a saúde e a beleza da pele.

Os produtos cosméticos são formulados com ingredientes ativos e veículos específicos projetados para penetrar na barreira lipídica e fornecer benefícios direcionados, como hidratação, nutrição e proteção. Ingredientes como ceramidas sintéticas, ácidos graxos essenciais e lipídios bioidênticos são frequentemente incorporados em formulações para reforçar a função da barreira lipídica e restaurar o equilíbrio lipídico da pele.

Ademais, avanços recentes na pesquisa estão levando ao desenvolvimento de tecnologias inovadoras, como sistemas de liberação de lipídios e nanopartículas lipídicas, que melhoram a entrega de ingredientes ativos aos tecidos da pele, potencializando os benefícios dos produtos cosméticos.

Em resumo, os lipídios cutâneos desempenham um papel essencial na saúde e na beleza da pele, e seu estudo é fundamental para o desenvolvimento de produtos de cuidados com a pele eficazes e inovadores. Ao entenderem a bioquímica dos lipídios cutâneos, os formuladores de cosméticos podem criar produtos que fortaleçam e protejam a barreira lipídica, mantendo a pele saudável, hidratada e radiante.

2.3 A cosmetologia como área da química

A cosmetologia é uma área interdisciplinar que combina elementos de química, biologia e tecnologia para o desenvolvimento de produtos de cuidados pessoais.

Essa área envolve a ciência e a prática de criar produtos que aprimoram a beleza e a saúde da pele, do cabelo e das unhas. Ela transcende as fronteiras de disciplinas individuais, incorporando conhecimentos e técnicas de outros campos de conhecimento, como já citamos. A interdisciplinaridade é fundamental para a compreensão completa dos produtos de cuidados pessoais, desde sua formulação até seu impacto na pele e no cabelo (Galembeck; Csordas, 2011).

2.3.1 Química na formulação cosmética

A química tem um papel central na cosmetologia, pois é a base para a formulação de produtos cosméticos. Os ingredientes ativos, emolientes, conservantes, tensoativos e veículos utilizados na produção de produtos cosméticos são todos compostos químicos cuidadosamente selecionados e combinados para atender a necessidades específicas. A química permite a criação de formulações que hidratam a pele, combatem o envelhecimento, protegem dos raios solares e oferecem muitos outros benefícios.

A cosmetologia não é apenas uma ciência, mas também uma forma de arte. Ela combina conhecimento científico com uma compreensão das preferências estéticas e necessidades do consumidor. Com o auxílio de estudos científicos, a cosmetologia desenvolve produtos que não apenas funcionam de maneira eficaz, mas também são agradáveis de usar e atendem aos padrões de beleza.

2.3.1.1 Inovação contínua

A cosmetologia é uma disciplina em constante evolução, impulsionada pela pesquisa e pelo desenvolvimento contínuos. Novos ingredientes ativos, técnicas de formulação avançadas e tecnologias de produção estão constantemente sendo introduzidos na indústria cosmética. A compreensão aprofundada da química envolvida é fundamental para aproveitar essas inovações e criar produtos de cuidados pessoais cada vez melhores.

2.3.2 A importância da química na cosmetologia

A cosmetologia é uma área interdisciplinar que desempenha um papel essencial na vida cotidiana, contribuindo para o desenvolvimento de produtos de cuidados pessoais que afetam a saúde e o bem-estar das pessoas.

Os produtos cosméticos, que incluem cremes, loções, xampus, maquiagens e muitos outros, são essencialmente formulações químicas. Eles são cuidadosamente projetados com base em princípios químicos para atender às necessidades de cuidados pessoais, como hidratação da pele, limpeza capilar, proteção solar e melhoria da estética.

2.3.2.1 Conceitos químicos fundamentais na cosmetologia

- **Reações químicas**: a cosmetologia emprega diversas reações químicas para criar e estabilizar produtos cosméticos. Exemplos incluem a saponificação na fabricação de sabões e a formação de emulsões para misturar água e óleo. As reações químicas são fundamentais para transformar matérias-primas em produtos finais e para garantir a estabilidade desses produtos ao longo do tempo.
- **pH**: este é um conceito crítico na cosmetologia, uma vez que afeta a compatibilidade dos produtos com a pele e os cabelos. O pH é a medida da acidez ou da alcalinidade de uma substância. Saber como ajustar e controlar o pH é fundamental para evitar irritações na pele ou nos cabelos e para assegurar a eficácia do produto. Por exemplo, muitos produtos capilares alisantes são altamente alcalinos, enquanto os produtos para cuidados com a pele costumam ter pH mais neutro.
- **Polaridade e solubilidade**: a polaridade de ingredientes influencia sua capacidade de se misturar com outros componentes em uma formulação. Isso é crucial para a estabilidade e a aparência dos produtos cosméticos. Por exemplo, a água é polar, enquanto os óleos são apolares. Saber como criar emulsões estáveis (misturas de água e óleo) requer compreensão da polaridade e da solubilidade dos ingredientes.

☐ **Equilíbrio químico**: a compreensão do equilíbrio químico é essencial para o desenvolvimento de produtos que permaneçam estáveis ao longo do tempo. O equilíbrio químico envolve a relação entre os reagentes e os produtos em uma reação química. A escolha de ingredientes e formulações que minimizem reações indesejadas é fundamental para garantir que os produtos mantenham suas propriedades durante a vida útil.

A química está na vanguarda de inovações na cosmetologia, levando ao desenvolvimento de produtos mais seguros e eficazes. A compreensão de conceitos químicos possibilita a criação de produtos com ingredientes ativos que podem ter benefícios reais para a pele e os cabelos (Brown, 2004).

2.3.3 Princípios da formulação de produtos cosméticos

A formulação de produtos cosméticos é um campo complexo e multifacetado, que combina a arte e a ciência. A escolha dos ingredientes ativos é o ponto de partida na formulação desses produtos. Esses ingredientes são responsáveis pelos benefícios específicos que o produto oferecerá à pele, aos cabelos ou às unhas. A química é fundamental na seleção desses ingredientes, devendo-se avaliar sua eficácia, sua compatibilidade com outros componentes da fórmula e sua estabilidade ao longo do tempo (Isenmann, 2021; Rebello, 2015).

2.3.3.1 Emolientes e sua função

Os emolientes são ingredientes que colaboram com a textura e a sensação dos produtos cosméticos. Eles conferem suavidade e hidratação à pele, tornando o produto mais agradável de usar. A química é utilizada para selecionar emolientes que equilibrem a viscosidade da formulação e garantam a absorção adequada na pele.

2.3.3.2 Conservantes e estabilidade

A estabilidade dos produtos cosméticos é essencial para garantir que eles mantenham suas propriedades e eficácia ao longo do tempo. Os conservantes são componentes críticos na formulação, pois previnem o crescimento de microrganismos indesejados, como bactérias e fungos. A química auxilia na escolha de conservantes eficazes que não afetem negativamente a segurança ou a estabilidade do produto.

2.3.3.3 Equilíbrio entre eficácia, estabilidade e segurança

A química tem grande importância na busca pelo equilíbrio entre a eficácia, a estabilidade e a segurança dos produtos cosméticos. A seleção cuidadosa de ingredientes ativos, emolientes, conservantes e outros componentes requer conhecimento detalhado da química envolvida. O objetivo é criar formulações que proporcionem benefícios eficazes, sejam agradáveis de usar e tenham uma vida útil satisfatória.

Além da seleção individual de ingredientes, a química ajuda a avaliar a compatibilidade entre eles. Alguns ingredientes podem interagir de maneira indesejada, resultando em instabilidade ou perda de eficácia. A combinação adequada de ingredientes é essencial para alcançar os resultados desejados.

2.3.4 Interconexão entre química e ingredientes cosméticos

Ácidos como o hialurônico, o glicólico e o ascórbico (vitamina C) são fundamentais em produtos cosméticos. A química por trás desses ácidos envolve a capacidade deles de interagir com a pele e os cabelos de maneira específica. Por exemplo, o ácido glicólico é um esfoliante químico que remove células mortas da pele, promovendo a renovação celular. A vitamina C atua como antioxidante, protegendo a pele dos danos causados pelos radicais livres. Esses radicais livres são originados quando a radiação UV, que tem alta energia, interage com estruturas químicas presentes na pele e, por serem altamente reativos, acabam degradando componentes estruturais da pele de maneira desenfreada.

Antioxidantes como a vitamina E, o resveratrol e o ácido ferúlico têm um papel crítico na proteção da pele contra danos oxidativos. A química por trás dos antioxidantes envolve sua capacidade de neutralizar radicais livres, impedindo o envelhecimento prematuro e protegendo a pele dos danos causados pela exposição ao sol e à poluição.

Surfactantes são ingredientes responsáveis pela limpeza em produtos como xampus e sabonetes. A química dos surfactantes envolve sua capacidade de interagir tanto com óleos quanto com água, permitindo a remoção de sujeira e impurezas. No entanto, a seleção cuidadosa de surfactantes é crucial, uma vez que alguns podem ser muito agressivos e prejudiciais para a pele e os cabelos.

Emolientes como óleos vegetais e manteigas são fundamentais para manter a hidratação da pele. Eles criam uma barreira na pele que evita a perda de água. Isso ajuda a manter a pele suave e hidratada. A escolha dos emolientes é influenciada pela química da pele, pois diferentes tipos de pele podem exigir emolientes específicos.

A química por trás desses ingredientes é apenas parte da equação. A interação deles com a química do corpo humano é igualmente importante. A composição da pele, o pH, as características individuais e as necessidades de cuidados pessoais são considerações essenciais na formulação de produtos cosméticos. A química deve ser adaptada para garantir que os produtos sejam seguros e eficazes para os consumidores.

2.3.5 Análise e testes químicos em cosmetologia

A avaliação dos produtos cosméticos vai além da aparência e da sensação; ela requer uma compreensão profunda da composição química de tais produtos. Entre as ferramentas essenciais estão a cromatografia, a espectroscopia e os testes de pH.

2.3.5.1 Cromatografia na avaliação cosmética

A cromatografia é uma técnica analítica poderosa que permite separar e identificar os componentes presentes em uma formulação cosmética. A cromatografia líquida de alta eficiência (HPLC) é frequentemente usada para determinar a concentração de ingredientes ativos, conservantes e outras substâncias na formulação. A cromatografia gasosa (GC) é empregada para analisar a presença de compostos voláteis, como fragrâncias. Essas análises são cruciais para garantir que os produtos atendam às especificações de formulação e às regulamentações de segurança.

2.3.5.2 Espectroscopia e sua versatilidade

A espectroscopia é uma técnica que avalia a interação da luz com a matéria. A espectroscopia no infravermelho (FT-IR) é utilizada para identificar grupos funcionais em compostos químicos, revelando informações valiosas sobre a composição da formulação. A espectroscopia ultravioleta-visível (UV-Vis) serve para determinar a concentração de corantes e filtros solares. Essa técnica é essencial para verificar a integridade da formulação e a presença de ingredientes-chave.

2.3.5.3 Testes de pH para compatibilidade cutânea

O pH é uma medida da acidez ou alcalinidade de uma solução e desempenha um papel crítico na compatibilidade dos produtos cosméticos com a pele e o cabelo. Os testes de pH ajudam a garantir que os produtos estejam na faixa de pH apropriada para evitar irritações. Por exemplo, produtos para cuidados com a pele costumam ter um pH mais neutro, enquanto produtos para alisamento capilar podem ser mais alcalinos. O pH é um indicador fundamental da segurança e da eficácia dos produtos.

2.4 Principais componentes utilizados na indústria de cosméticos

A fabricação de produtos cosméticos é uma arte que envolve a seleção cuidadosa de componentes essenciais. Esses componentes desempenham papéis cruciais na formulação e na qualidade dos produtos finais. Para cumprirem suas funções, os produtos cosméticos dependem de componentes cuidadosamente selecionados, os quais podem ser divididos em várias categorias, cada uma com um papel específico na formulação:

- **Base ou veículo**: esse é o componente principal da formulação e serve como matriz para os outros ingredientes. Pode ser loção, creme, gel, óleo, entre outros, e sua escolha influencia a textura e a aplicação do produto.
- **Ingredientes ativos**: são os componentes que proporcionam os principais benefícios do produto, como hidratação, proteção solar, clareamento ou antienvelhecimento. A escolha dos ingredientes ativos é essencial para o objetivo do produto.

- **Emolientes**: esses componentes fornecem suavidade e maciez à pele, tornando a aplicação agradável. Óleos vegetais, manteigas e silicones são exemplos de emolientes.
- **Conservantes**: são cruciais para a estabilidade e a segurança dos produtos, prevenindo o crescimento de microrganismos. Parabenos, fenóis e álcoois são frequentemente utilizados.
- **Fragrâncias**: contribuem para a experiência sensorial, tornando o produto agradável de usar. As fragrâncias podem ser naturais ou sintéticas e variam de acordo com o tipo de produto.
- **Corantes e pigmentos**: são usados para conferir cor aos produtos, como maquiagem e esmaltes. A escolha de corantes deve ser segura e apropriada para o uso na pele.

A seleção dos componentes é uma etapa crítica na fabricação de produtos cosméticos. Cada componente desempenha um papel específico na textura, na eficácia e na segurança do produto. Além disso, a combinação correta de componentes permite que os produtos atendam às necessidades individuais dos consumidores. Por exemplo, produtos para pele sensível requerem componentes suaves e hipoalergênicos, enquanto produtos para cuidados com os cabelos dependem de emolientes específicos para conferir maciez e brilho.

A eficácia dos produtos cosméticos muitas vezes está intrinsecamente ligada aos ingredientes ativos que compõem suas formulações (Marques; Gonzalez, 2016).

Retinol: a potência da renovação celular

O retinol, derivado da vitamina A, é um dos ingredientes ativos mais reverenciados na cosmetologia. Sua capacidade de acelerar a renovação celular torna-o eficaz no tratamento de rugas, manchas escuras e acne. O retinol estimula a produção de colágeno, proporcionando firmeza à pele e reduzindo os sinais de envelhecimento.

Ácido hialurônico: hidratação profunda e preenchimento

O ácido hialurônico é conhecido por sua habilidade excepcional de reter a umidade. Ele pode atrair e segurar uma quantidade significativa de água, proporcionando hidratação profunda à pele. Além disso, o ácido hialurônico é frequentemente usado em produtos que visam preencher linhas finas e rugas, propiciando uma aparência mais jovem e volumosa.

Vitamina C: o poder antioxidante

A vitamina C é uma vitamina essencial para a saúde da pele. Seu papel como antioxidante ajuda a proteger a pele dos danos causados pelos radicais livres e pela exposição ao sol. Ademais, a vitamina C é conhecida por sua capacidade de clarear a pele, reduzindo manchas escuras e melhorando a uniformidade do tom de pele.

Peptídeos: acelerando a renovação e a reparação

Os peptídeos são pequenas moléculas que desempenham um papel crucial na comunicação celular. Alguns peptídeos têm a capacidade de estimular a produção de colágeno, promovendo a firmeza da pele. Outros são projetados para acelerar a reparação de danos cutâneos, ajudando a reduzir rugas e melhorar a textura da pele.

Antioxidantes: escudos protetores

Antioxidantes como a vitamina E e o extrato de chá verde oferecem proteção contra os danos causados pelos radicais livres. Eles ajudam a manter a pele saudável e jovem, combatendo os efeitos do envelhecimento e das agressões ambientais.

Benefícios na transformação da pele
A inclusão desses ingredientes ativos em produtos cosméticos pode proporcionar uma série de benefícios terapêuticos. Eles auxiliam na redução de rugas, no aumento da hidratação, na clareza da pele e na prevenção dos danos causados pelos fatores ambientais. A escolha cuidadosa desses ingredientes pode resultar em uma pele mais saudável e radiante.

A busca por uma pele suave, macia e bem nutrida é um dos principais objetivos dos cuidados com a pele. Para a suavização da pele, utilizam-se os emolientes, componentes responsáveis por criar uma barreira que retém a umidade na camada superior da epiderme, prevenindo a perda de água transepidérmica. Isso resulta em uma pele mais suave e macia. Alguns dos emolientes mais comuns são:

- **Óleos vegetais**: óleos como o de jojoba, o de amêndoas e o de coco são amplamente utilizados por suas propriedades emolientes. Eles ajudam a criar uma camada protetora sobre a pele.
- **Manteigas**: manteigas como a de *karité* e a de cacau são ricas em ácidos graxos essenciais e nutrientes que hidratam profundamente a pele.

2.4.1 Hidratantes: a magia da umidade

Os hidratantes são projetados para reter a umidade da pele. Eles atraem a água e a mantêm presa, conservando a pele hidratada e flexível. Alguns dos hidratantes mais comuns são:

- **Glicerina**: a glicerina é conhecida por sua habilidade de atrair e reter água, ajudando a manter a pele hidratada. É frequentemente encontrada em loções e cremes.
- **Ácido hialurônico**: esse componente tem a capacidade de reter uma quantidade significativa de água, proporcionando uma hidratação profunda à pele. É frequentemente usado em produtos antienvelhecimento.

Manter a pele adequadamente hidratada e nutrida é essencial para sua saúde e beleza. A hidratação adequada ajuda a prevenir a secura, a descamação e o envelhecimento precoce. Além disso, o uso de ingredientes ricos em nutrientes pode melhorar a aparência e a textura da pele, propiciando uma pele radiante e saudável.

2.4.2 Conservantes: defesa contra microrganismos indesejados

Os conservantes são os defensores da integridade do produto, evitando o crescimento de microrganismos indesejados, como bactérias, leveduras e fungos. Esses invasores microscópicos podem comprometer a qualidade e a segurança dos produtos. Entre os conservantes mais comuns estão:

- **Parabenos**: parabenos como o metilparabeno e o propilparabeno são amplamente usados graças à sua eficácia na prevenção ao crescimento microbiano.
- **Fenóis**: componentes como o fenol e seus derivados têm propriedades antimicrobianas, o que os torna eficazes na preservação de produtos cosméticos.

2.4.3 Estabilizadores: mantendo a integridade da formulação

Os estabilizadores auxiliam na manutenção da consistência e da integridade das formulações cosméticas. Eles evitam a separação de fases, a degradação de ingredientes ativos e a deterioração da formulação. Alguns estabilizadores comuns são:

- **Emulsionantes**: emulsionantes como o óleo de rícino etoxilado (PEG-40) são frequentemente usados em loções e cremes para manter a mistura de água e óleo estável.
- **Espessantes**: espessantes como o carbômero ajudam a conferir a consistência desejada a produtos como géis e loções.

Os tensoativos, também conhecidos como *surfactantes*, e os emulsionantes são componentes que permitem que ingredientes que normalmente não se misturariam se unam harmoniosamente.

2.4.4 Tensoativos: a química da limpeza

Os tensoativos são moléculas especiais que contêm uma estrutura única que lhes permite interagir tanto com água quanto com óleo. Isso os torna ideais para a formulação de produtos de limpeza, como sabonetes e xampus. Os tensoativos têm duas partes distintas em sua estrutura: uma cabeça hidrofílica, que adora água, e uma cauda lipofílica, que é atraída por óleo. Sulfatos como o lauril sulfato de sódio (SLS) são tensoativos amplamente utilizados na formulação de produtos de limpeza. Eles criam espuma e ajudam a remover sujeira e óleo da pele e do cabelo.

2.4.5 Emulsionantes: unindo água e óleo

Os emulsionantes são como mediadores que permitem que água e óleo se misturem, e isso é importante na formulação de loções e cremes, em que esses elementos devem coexistir em harmonia. Os emulsionantes têm a capacidade de estabilizar essas misturas. A lecitina é um emulsionante natural comumente usado em produtos cosméticos, pois ajuda a manter a integridade da emulsão, garantindo que a loção ou creme mantenha a textura desejada.

A textura de um produto cosmético é essencial para a experiência do usuário. Tensoativos e emulsionantes desempenham papéis cruciais na criação da textura ideal, na estabilidade das formulações e na eficácia do produto. Eles também afetam a aplicação, assegurando que o produto se espalhe uniformemente na pele ou no cabelo.

2.4.6 Pigmentos: cores de alto impacto

Os pigmentos são ingredientes que proporcionam cores intensas e duradouras aos produtos de maquiagem. Eles são responsáveis pela aparência vibrante de sombras, batons e blushes. Alguns pigmentos comuns são:

☐ **Óxidos de ferro**: são pigmentos naturais amplamente utilizados para criar tons de vermelho, marrom e amarelo na maquiagem. São seguros e resistentes à luz.

☐ **Dióxido de titânio**: é um pigmento branco usado para clarear e opacificar produtos de maquiagem, como bases e pós.

2.4.6.1 Corantes naturais: beleza da natureza

Corantes naturais são extraídos de fontes naturais, como frutas, vegetais e plantas. Eles se constituem em uma alternativa mais segura e ecológica aos corantes sintéticos. Alguns exemplos de corantes naturais são:

☐ **Carmim**: obtido a partir de cochonilhas, um tipo de inseto, é usado para atribuir as cores vermelha e rosa a produtos de maquiagem.

☐ **Clorofila**: extraída de plantas verdes, a clorofila é utilizada para criar tons verdes na maquiagem.

2.4.7 Fragrâncias e aromatizantes: a arte da sedução olfativa

As fragrâncias são ingredientes mágicos, que despertam nossos sentidos e evocam emoções. Elas são responsáveis por tornar a experiência de usar um produto cosmético ainda mais agradável. Estas são algumas das principais categorias de ingredientes de fragrâncias:

- **Óleos essenciais**: extraídos de plantas e flores, são conhecidos por suas propriedades aromáticas e terapêuticas. Eles são usados em produtos de aromaterapia e em cosméticos para proporcionar fragrâncias naturais.
- **Notas olfativas**: as fragrâncias são frequentemente descritas em termos de "notas". Existem as notas de topo, de meio e de base, que se desdobram ao longo do tempo. A seleção de notas cria a complexidade e o caráter de uma fragrância.

A indústria de cuidados pessoais, intrinsecamente ligada à cosmetologia, abriga uma diversidade de produtos cosméticos com propósitos específicos, abordando as necessidades variadas de cuidados com a pele, o cabelo e a estética.

Síntese

Na indústria de cosmetologia, a regulamentação garante a segurança, a qualidade e a eficácia dos produtos. No Brasil, a Agência Nacional de Vigilância Sanitária (Anvisa) cuida da regulamentação dessa área, promovendo a segurança do consumidor e a qualidade dos produtos cosméticos. A análise comparativa com regulamentos em outros países destaca as diversas abordagens regulatórias em todo o mundo, ressaltando a necessidade de harmonização global e a importância contínua da regulamentação na indústria de cosmetologia. A proteção do consumidor e a promoção de produtos seguros e eficazes continuam sendo o cerne da regulamentação cosmética em nível internacional.

A regulamentação da Food and Drug Administration (FDA) sobre produtos cosméticos nos Estados Unidos estabelece requisitos rigorosos de rotulagem, segurança e notificação de ingredientes. Essas regulamentações são essenciais para proteger a saúde dos consumidores e garantir a qualidade e a segurança dos produtos cosméticos disponíveis no mercado estadunidense.

Para saber mais

ANVISA – Agência Nacional de Vigilância Sanitária. **Guia de estabilidade de produtos cosméticos**. Brasília, 2004. (Série Qualidade em Cosméticos, v. 1). Disponível em: <https://www.gov.br/anvisa/pt-br/centraisdeconteudo/publicacoes/cosmeticos/manuais-e-guias/guia-de-estabilidade-de-cosmeticos.pdf/view>. Acesso em: 13 jun. 2024.

ISENMANN, A. F. **Princípios químicos em produtos cosméticos e sanitários**: saúde e beleza na sua mão. Porto Alegre: Buqui, 2021.

Atividades de autoavaliação

1. O teste de *patch* é frequentemente utilizado na indústria de produtos cosméticos para avaliar a irritação cutânea. Qual das seguintes afirmações é correta sobre esse teste?
   a) É um teste de laboratório que não envolve a aplicação do produto na pele dos participantes.
   b) Envolve a aplicação de uma pequena quantidade do produto na pele de voluntários e sua observação durante um curto período de tempo.
   c) É exclusivamente aplicado em animais de laboratório para avaliar a irritação cutânea.
   d) Avalia a eficácia de produtos cosméticos, mas não sua segurança em relação à pele.

2. Explique a diferença entre fototoxicidade e fotoalergia em relação às reações da pele em resposta à exposição à luz solar ou à radiação ultravioleta. Discuta as causas, os mecanismos e os sintomas associados a cada uma dessas reações. Além disso, forneça exemplos de substâncias ou produtos que podem desencadear essas reações cutâneas e descreva como a prevenção e o tratamento podem diferir para ambas.

3. Complete as assertivas com os seguintes termos: *reações químicas, pH, polaridade, solubilidade, equilíbrio químico*.
   a) _____ são fundamentais para transformar matérias-primas em produtos finais e para garantir a estabilidade desses produtos ao longo do tempo.

b) _____ é um conceito crítico na cosmetologia, uma vez que afeta a compatibilidade dos produtos com a pele e os cabelos. É uma medida da acidez ou alcalinidade de uma substância.

c) _____ influencia a capacidade de se misturar com outros componentes em uma formulação.

d) _____ explica a criação de emulsões estáveis (misturas de água e óleo).

e) _____ envolve a relação entre os reagentes e os produtos em uma reação química.

4. Descreva os principais componentes utilizados na indústria de cosméticos.

5. Das afirmações a seguir, uma é verdadeira e outra é falsa. Identifique-as e explique sua resposta.

Afirmação 1: *Tensoativos* e *emulsionantes* são termos intercambiáveis e podem ser usados para descrever a mesma classe de substâncias químicas.

Verdadeira (V) ou falsa (F)

Afirmação 2: Emulsionantes são frequentemente usados em produtos como maionese e molhos para salada para manter os ingredientes líquidos e oleosos misturados de forma homogênea.

Verdadeira (V) ou falsa (F)

Atividades de aprendizagem

Questões para reflexão

1. Você conhece as regulamentações nacionais e internacionais que garantem a segurança dos cosméticos que usa? De que maneira a confiança na segurança dos cosméticos influencia suas escolhas de compra?

2. Como você reage às notícias sobre *recalls* ou problemas de segurança em produtos cosméticos?

Atividade aplicada: prática

1. Entrevista com profissionais da área de cosmetologia e/ou regulamentação de produtos

   Identifique e contate profissionais da área de cosmetologia e regulamentação de produtos. Isso pode incluir cosmetologistas, dermatologistas, químicos, reguladores de produtos cosméticos e representantes de empresas de cosméticos.

   Desenvolva um conjunto de perguntas pertinentes. As perguntas devem abranger tópicos como:
   - tipos de testes laboratoriais realizados para garantir a segurança dos cosméticos;
   - regulamentações nacionais e internacionais que os produtos devem seguir;
   - desafios enfrentados na garantia da segurança dos cosméticos;
   - experiências práticas e exemplos de casos reais.

Realize uma sessão de discussão em que se compartilhem descobertas e reflexões. Incentive as perguntas e o debate baseados nas respostas dos profissionais.

Capítulo 3

Cosméticos e características da pele

Neste capítulo, trataremos da pele, o maior órgão do corpo humano. Abordaremos as camadas da pele e suas funções, os tipos de pele e suas necessidades e problemas, bem como os cosméticos exclusivos para essa parte do corpo.

Figura 3.1 – Diferentes tipos de pele e acometimentos de doenças

Normal Vermelhidão Pele seca Vitiligo

Herpes Queimadura de sol Acne Rugas/manchas de idade

Poros obstruídos Olheiras Dermatite Pele oleosa

elenabsl/Shutterstock

3.1 A pele: uma barreira protetora e reguladora

A pele é muito mais do que uma cobertura estética; é uma barreira dinâmica que separa o corpo do ambiente externo. Ela é fundamental na proteção contra patógenos, radiação ultravioleta, poluentes e outros agressores ambientais. Além disso, desempenha um papel crucial na regulação da temperatura, na síntese de vitamina D e na percepção sensorial. Essas funções multidimensionais não apenas garantem a homeostase interna, mas também influenciam sua aparência e saúde (Peyrefitte; Martini; Chivot, 1998; Leite, 2021).

Figura 3.2 – As camadas da pele e as principais características dos diferentes tipos de pele

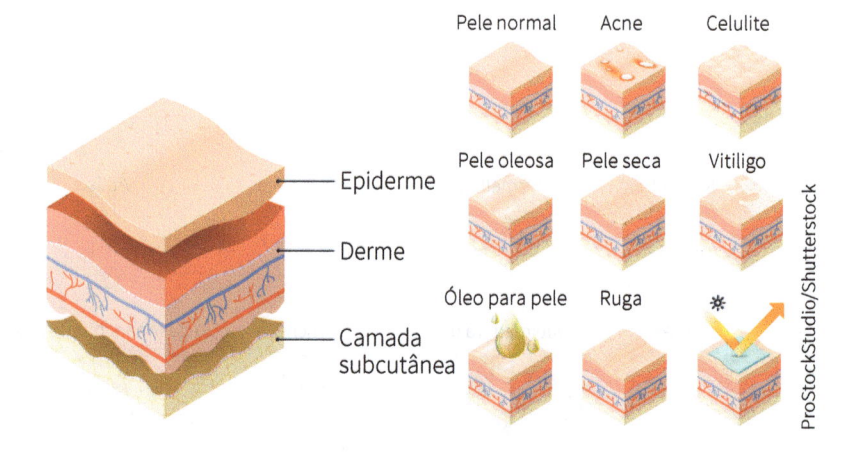

ProStockStudio/Shutterstock

3.1.1 Anatomia da pele: camadas e estrutura

A pele é composta por três camadas principais: epiderme, derme e hipoderme. Cada uma dessas partes tem funções únicas e interage de maneira complexa para realizar as tarefas essenciais da pele. A **epiderme**, a camada mais externa, é responsável pela renovação constante das células cutâneas e pela formação da barreira protetora. A **derme**, abaixo da epiderme, abriga as estruturas que fornecem elasticidade e sustentação à pele. A **hipoderme**, a camada mais profunda, atua como reserva de energia e isolante térmico.

3.1.2 Funções específicas da pele

Para compreender plenamente como os produtos cosméticos afetam a pele, é importante ter um conhecimento sólido da anatomia e da fisiologia desse órgão. A pele atua como um receptor e uma barreira para produtos tópicos, e sua estrutura determina a eficácia e a segurança dos produtos aplicados. Ao longo deste capítulo, vamos estabelecer a base para a compreensão de como os produtos cosméticos interagem com as diferentes camadas da pele e como podem ser utilizados de forma eficaz para aprimorar a saúde e a aparência cutâneas.

Primeiramente, cabe destacar que a pele é nossa primeira linha de defesa, agindo como uma **barreira protetora** que nos isola dos agentes externos nocivos, como patógenos, radiação ultravioleta, poluentes e substâncias químicas. A capacidade de autorregeneração da epiderme permite uma constante renovação celular, garantindo que a barreira esteja sempre em perfeito funcionamento.

Além de sua função de proteção, a pele faz a **regulação da temperatura corporal**. As glândulas sudoríparas, distribuídas por toda a superfície do órgão, realizam a dissipação do calor do corpo, assegurando que a temperatura interna permaneça dentro de limites saudáveis. Tal processo é crucial para a homeostase do organismo.

A saúde da pele é frequentemente um **reflexo da saúde geral** do indivíduo. Condições dermatológicas podem ser indicativas de desequilíbrios ou problemas de saúde subjacentes. A palidez da pele pode sugerir anemia, por exemplo, enquanto erupções cutâneas podem ser um sinal de alergias ou desordens autoimunes. Portanto, observar e cuidar da saúde da pele não é apenas um ato de estética, mas também uma ferramenta de diagnóstico importante para a saúde geral.

Nesse contexto, a importância de compreender a anatomia e a fisiologia da pele torna-se evidente. Para promover a saúde e melhorar a aparência da pele, é essencial conhecer suas diferentes camadas e funções. Com esse conhecimento, os cuidados com a pele podem ser personalizados para atender às necessidades individuais, resultando em uma pele saudável e radiante.

3.2 Estrutura da pele

A pele, o maior órgão do corpo humano, desempenha funções vitais para a proteção e a manutenção da saúde. Compreender a estrutura da pele é essencial para apreciar sua complexidade e importância, especialmente no contexto de cuidados dermatológicos e cosméticos (Peyrefitte; Martini; Chivot, 1998; Rondon, 2005).

3.2.1 Epiderme: barreira protetora

A epiderme é a camada mais externa da pele, e sua principal função é agir como uma barreira protetora contra agentes externos. Composta principalmente por células epiteliais, a epiderme é incrivelmente fina, variando de espessura em diferentes áreas do corpo.

As células da epiderme são constantemente renovadas, garantindo que a barreira esteja sempre em ótimas condições. Além disso, essa camada contém melanócitos, responsáveis pela produção de melanina, o pigmento que dá cor à pele e fornece proteção contra os raios UV.

3.2.1.1 Células da epiderme

- **Queratinócitos**: os queratinócitos são as células mais abundantes na epiderme. Sua principal função é produzir queratina, uma proteína que confere força e impermeabilidade à pele. À medida que as células da epiderme se movem da base para a superfície, elas passam por um processo de queratinização, tornando-se células cheias de queratina que compõem a camada mais externa da pele.
- **Melanócitos**: os melanócitos são responsáveis pela produção de melanina, o pigmento que dá cor à pele, ao cabelo e aos olhos. Sua função é proteger a pele dos danos causados pelos raios UV. A quantidade e a atividade dos melanócitos variam de pessoa para pessoa, o que resulta na diversidade de cores de pele.
- **Células de Langerhans**: são células imunológicas encontradas na epiderme. Elas desempenham um papel crucial na detecção de invasores, como bactérias e vírus, e ajudam a iniciar respostas imunológicas.

3.2.1.2 Ciclo de renovação da epiderme

A epiderme é uma camada dinâmica, que passa por um ciclo contínuo de renovação. No nível mais profundo, células-tronco da epiderme se dividem e geram queratinócitos; à medida que essas células se movem em direção à superfície, elas passam por diferentes estágios de maturação. Conforme se aproximam da camada mais externa, as células perdem seu núcleo e se enchem de queratina. Eventualmente, essas células envelhecidas e ricas em queratina são eliminadas da superfície da pele por meio do processo de descamação.

Esse ciclo de renovação da epiderme é essencial para a manutenção da saúde da pele. Ele ajuda a eliminar células danificadas, a regenerar a barreira cutânea e a manter a pele em constante renovação.

3.2.2 Derme: estrutura e elasticidade

A derme é a camada intermediária da pele, na qual encontramos uma riqueza de estruturas, incluindo fibras de colágeno e elastina, responsáveis pela resistência e elasticidade da pele. Além disso, a derme abriga vasos sanguíneos, nervos, folículos pilosos e glândulas sudoríparas. É essa camada que auxilia na regulação da temperatura corporal, pois os vasos sanguíneos da derme ajudam a direcionar o fluxo sanguíneo para a superfície da pele, dissipando o calor.

3.2.2.1 Composição da derme

- **Rede de fibras colágenas e elásticas**: a derme é formada por uma intrincada rede de fibras colágenas e elásticas. O colágeno fornece resistência e suporte, enquanto a elasticidade é conferida pelas fibras elásticas. Essas fibras são essenciais para manter a firmeza e a elasticidade da pele.
- **Vasos sanguíneos**: a derme é rica em vasos sanguíneos, que fornecem nutrientes e oxigênio para as células da pele. Essa vascularização é fundamental na regulação da temperatura corporal e na resposta a ferimentos, permitindo a cicatrização adequada.
- **Folículos pilosos**: a derme abriga os folículos pilosos, de onde emergem os fios de cabelo. Cada folículo é cercado por músculos que permitem a ereção do pelo, auxiliando na regulação da temperatura e na proteção da pele.
- **Glândulas sebáceas e sudoríparas**: as glândulas sebáceas produzem óleo, ou sebo, que lubrifica a pele e os cabelos. As glândulas sudoríparas, por sua vez, secretam suor, ajudando a regular a temperatura e eliminando resíduos do corpo.

3.2.2.2 Importância da derme

A derme tem importância na saúde e na aparência da pele. Ela é responsável por proporcionar suporte estrutural, permitindo a elasticidade da pele e a produção de colágeno. Além disso, abriga elementos vitais para a nutrição da epiderme, garantindo que a pele esteja devidamente alimentada e oxigenada.

A produção de colágeno na derme é um processo essencial para a firmeza da pele. Com o envelhecimento, a produção de colágeno diminui, levando ao surgimento de rugas e flacidez. Por isso, a derme é uma área-chave a ser considerada em cuidados cosméticos, já que a estimulação da produção de colágeno é um dos objetivos nessa área.

3.2.3 Hipoderme: isolamento e armazenamento de energia

A hipoderme é a camada mais profunda da pele e é composta principalmente por células adiposas (adipócitos). Além de atuar como uma camada de isolamento térmico, a hipoderme armazena energia na forma de gordura. Essa camada contribui para a forma e o volume do corpo e atua na absorção de choques, protegendo os órgãos subjacentes.

3.2.3.1 Composição da hipoderme

- **Camada de tecido adiposo**: a hipoderme é composta principalmente por uma camada de tecido adiposo subcutâneo. Essas células adiposas, ou adipócitos, são as principais responsáveis pelo armazenamento de energia na forma de gordura. Ademais, o tecido adiposo tem a função de isolamento térmico, ajudando a regular a temperatura corporal.
- **Vasos sanguíneos e nervos**: a hipoderme contém uma rede de vasos sanguíneos e nervos que conectam as camadas mais profundas da pele com a derme e a epiderme. Esses vasos

sanguíneos fornecem nutrientes aos adipócitos e são cruciais na regulação do fluxo sanguíneo e da temperatura.

3.2.3.2 Funções da hipoderme

- **Regulação térmica**: a hipoderme desempenha um papel crucial na regulação da temperatura corporal. O tecido adiposo atua como um isolante térmico, mantendo o calor corporal e evitando perdas excessivas de calor, o que é especialmente importante em condições de frio.
- **Armazenamento de energia**: a principal função da hipoderme é o armazenamento de energia na forma de gordura. Os adipócitos acumulam reservas de energia, que podem ser utilizadas em momentos de necessidade, como durante o exercício físico ou em situações de baixa ingestão de alimentos.
- **Proteção e absorção de impacto**: a hipoderme também atua como uma camada de proteção para órgãos e estruturas mais profundas do corpo. Além disso, ela absorve impactos, constituindo-se em uma camada de amortecimento.

Embora a hipoderme não seja frequentemente visível na superfície, ela desempenha um papel fundamental na aparência e na saúde da pele. A camada subcutânea afeta a textura da pele, influenciando indiretamente na aparência de áreas como bochechas e queixo.

A compreensão da hipoderme é crucial para a cosmetologia, uma vez que o armazenamento de gordura e a regulação térmica afetam a aparência da pele e podem ser alvo de tratamentos estéticos.

É importante notar que a estrutura da pele varia em diferentes áreas do corpo. Por exemplo, a epiderme é significativamente mais fina nas pálpebras, tornando-a delicada, enquanto nas solas dos pés é consideravelmente mais espessa para lidar com o estresse mecânico. Essa variação na estrutura da pele é uma adaptação inteligente às diferentes funções e aos desafios enfrentados em diversas partes do corpo.

3.2.4 Os produtos cosméticos e as camadas da pele

Muitos produtos cosméticos são formulados para atuar na epiderme, a camada mais externa da pele. Nessa camada, cremes hidratantes, antioxidantes e agentes esfoliantes podem ser usados para melhorar a textura da pele, promover a renovação celular e fornecer proteção contra agressores externos, como raios UV.

Figura 3.3 – Exemplos de exposição solar e proteção contra os raios UV

Proteção	Óculos de sol	Chapéu para sol	Protetor solar	FPS 30	Verão	Protetor solar em spray	Sol
Guarda-sol	Banho de sol	Proteção da pele	Bloqueador solar	Roupas de proteção	Calor	Ultravioleta	Creme
Loção	Guarda-chuva/ sombrinha	Queimadura	Creme pós-sol	Calor solar	Proteção	FPS 50	Bloqueador solar

The Studio/Shutterstock

Alguns produtos cosméticos são desenvolvidos para penetrar nas camadas mais profundas, a derme. Isso é especialmente relevante na cosmetologia avançada, em que tratamentos como injeções de ácido hialurônico ou procedimentos a *laser* visam remodelar a derme para reduzir rugas, melhorar a elasticidade e estimular a produção de colágeno.

A compreensão das camadas da pele é um fator crítico na promoção da saúde da pele e no envelhecimento saudável. Cosmetologistas podem ajudar os pacientes a manter a integridade da epiderme, bem como a estimular a renovação da derme, evitando problemas comuns, como o envelhecimento precoce e a perda de elasticidade.

A capacidade de personalizar tratamentos é outra razão pela qual o conhecimento das camadas da pele é essencial na cosmetologia. Diferentes tipos de pele e preocupações estéticas exigem abordagens específicas. Profissionais da área podem adaptar produtos e procedimentos para atender às necessidades individuais, otimizando os resultados.

3.3 Classificação do tipo de pele e sua relação com a cosmetologia

Para que a cosmetologia seja eficaz, é essencial entender que a pele não é uma entidade uniforme; pelo contrário, ela é variada e complexa, e os produtos cosméticos devem ser adaptados para atender às necessidades específicas de cada tipo de pele. Vejamos a seguir os tipos de pele detalhadamente (Cohen, 2021).

3.3.1 Pele normal

A pele normal é frequentemente considerada o estado ideal, equilibrado e saudável. É caracterizada por uma textura suave, poros pequenos, ausência de oleosidade excessiva e hidratação adequada. Pessoas com pele normal têm uma produção de óleo (sebo) equilibrada, o que torna a pele resistente a problemas comuns, como espinhas e ressecamento. No entanto, mesmo a pele normal requer cuidados para manter seu equilíbrio.

3.3.2 Pele seca

A pele seca é geralmente identificada pela falta de hidratação, o que resulta em sensação de repuxamento e descamação. Pode ser causada por fatores como clima seco, envelhecimento ou predisposição genética. A pele seca requer produtos que forneçam hidratação profunda e ingredientes emolientes para restaurar a barreira cutânea.

Figura 3.4 – Representação aumentada de uma pele seca e de uma pele ideal

Pele seca | Pele perfeita

kup/Shutterstock

3.3.3 Pele oleosa

A pele oleosa é caracterizada pelo excesso de produção de óleo (sebo), o que pode resultar em poros dilatados, brilho excessivo e tendência a espinhas e cravos. Pessoas com pele oleosa podem precisar de produtos que regulem a produção de óleo e evitem a obstrução dos poros.

Figura 3.5 – Comparação detalhada entre uma pele oleosa e uma pele seca

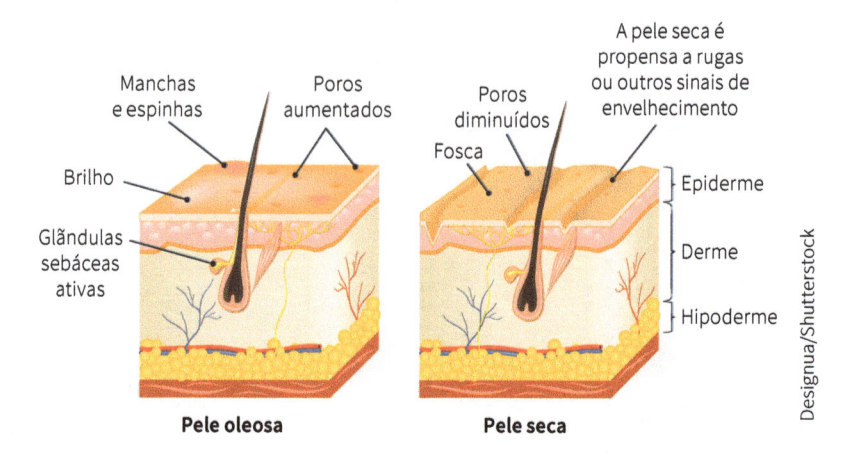

Pele oleosa: Manchas e espinhas; Poros aumentados; Brilho; Glândulas sebáceas ativas

Pele seca: Poros diminuídos; Fosca; A pele seca é propensa a rugas ou outros sinais de envelhecimento; Epiderme; Derme; Hipoderme

Designua/Shutterstock

3.3.4 Pele mista

A pele mista combina características de pele normal, seca e oleosa. Geralmente, a zona T (testa, nariz e queixo) é mais oleosa, enquanto as bochechas podem ser normais ou secas. O desafio aqui é equilibrar as necessidades divergentes de diferentes áreas da pele. Produtos que tratam cada área de forma específica podem ser úteis.

3.3.5 Pele sensível

A pele sensível é propensa a vermelhidão, coceira, ardência e reações alérgicas. Pode ser uma resposta a ingredientes em produtos cosméticos ou a alérgenos ambientais ou resultar de uma predisposição genética. Produtos suaves, hipoalergênicos e livres de fragrância são frequentemente recomendados para cuidar desse tipo de pele.

É importante notar que essas categorias são uma simplificação, e muitas pessoas apresentam combinações de características de diferentes tipos de pele. Além disso, fatores como genética, idade e ambiente desempenham um papel significativo na determinação do tipo de pele de um indivíduo. A compreensão dessas diferenças é crucial para que os profissionais de cosmetologia possam orientar seus clientes na seleção dos produtos mais adequados e personalizados.

3.4 A pele é única: adaptando produtos cosméticos para suas necessidades

A cosmetologia é uma ciência dinâmica, que reconhece que a pele é tão diversa quanto as pessoas. Cada tipo de pele tem características e necessidades únicas, e a cosmetologia tem a função de criar de produtos cosméticos que se adaptem a essas diferenças.

Primeiramente, é essencial compreender o tipo de pele. A oleosidade, a sensibilidade e a textura da pele são fatores fundamentais para a seleção de produtos que proporcionem os melhores resultados.

3.4.1 Formulações específicas para cada tipo de pele

- **Pele normal**: esse tipo de pele tende a ser equilibrado, mas isso não significa que não precise de cuidados. Produtos leves, como loções e géis hidratantes, podem ajudar a manter a pele saudável.
- **Pele oleosa**: para controlar a oleosidade, produtos livres de óleo (*oil-free*) e com ingredientes como ácido salicílico ou niacinamida são recomendados. Fórmulas leves e não comedogênicas ajudam a evitar a obstrução dos poros.
- **Pele seca**: hidratantes ricos em emolientes, como óleos naturais, manteigas ou ácido hialurônico, são benéficos para a pele seca. Convém evitar produtos que contenham álcool, pois podem ressecar ainda mais a pele.
- **Pele mista**: aqui, uma abordagem equilibrada é necessária. É necessário utilizar produtos específicos para a zona oleosa (como um gel de limpeza) e produtos hidratantes para a zona seca. Os produtos em gel ou loções são frequentemente a escolha certa.
- **Pele sensível**: produtos suaves, com ingredientes calmantes como *Aloe vera* ou camomila, são ideais para a pele sensível. É recomendado evitar produtos com fragrâncias e conservantes agressivos.

A textura dos produtos também tem relevância. Por exemplo, as loções são leves e adequadas para a pele normal, enquanto os cremes são mais espessos e ideais para a pele seca. Quanto aos ingredientes, estes podem variar amplamente. Antioxidantes como a vitamina C são benéficos para a pele envelhecida, enquanto ácidos como o glicólico podem ser usados para esfoliar suavemente a pele.

A cosmetologia não se limita apenas à seleção de produtos individuais; ela também envolve a criação de regimes de cuidados pessoais. Isso significa que a ordem e a frequência de uso dos produtos desempenham um papel importante na eficácia dos cuidados com a pele. O tipo de pele determina o regime ideal, desde a limpeza até a aplicação de produtos específicos.

Lembre-se de que, ao adaptar os produtos cosméticos às necessidades de sua pele, você pode alcançar resultados visíveis e duradouros. A cosmetologia é a ciência por trás dessa adaptação, garantindo que cada pessoa possa desfrutar dos benefícios de uma pele saudável e radiante.

3.5 A pele e a absorção de substâncias

Embora a epiderme seja uma barreira sólida, ela não é impermeável. Pequenos poros e as características específicas de suas células permitem a absorção de substâncias lipossolúveis. Isso significa que algumas substâncias podem passar através da epiderme e entrar na corrente sanguínea.

Logo abaixo da epiderme está a derme, uma camada rica em vasos sanguíneos e fibras colágenas e elásticas. A rede vascular na derme é fundamental para a entrega de oxigênio e nutrientes essenciais às células da pele. Além disso, ela distribui substâncias absorvidas pela pele para outras partes do corpo.

A pele atua como uma interface complexa entre o nosso corpo e o ambiente externo. Ela serve como a primeira linha de defesa contra os agentes agressores, ao mesmo tempo que possibilita a absorção de substâncias necessárias. Esse equilíbrio delicado entre a barreira e a via de absorção tem implicações significativas para a cosmetologia e a aplicação de produtos tópicos, medicamentos e cosméticos.

Compreender a estrutura da pele e sua função dual como barreira e via de absorção é crucial na cosmetologia. Isso permite o desenvolvimento de produtos que podem ser formulados de maneira apropriada para atingir as camadas alvo da pele, fornecendo benefícios estéticos e terapêuticos. Ademais, reconhecer o papel dos vasos sanguíneos na derme na distribuição de substâncias é essencial na aplicação de medicamentos e substâncias ativas em tratamentos tópicos.

3.5.1 Processos de absorção cutânea

A absorção cutânea é um processo complexo, que envolve a penetração de substâncias através das camadas da pele (Silva, 2021; Isenmann, 2021).

3.5.1.1 Vias de absorção cutânea

A absorção cutânea ocorre em duas principais vias: transdérmica e percutânea.

- **Absorção transdérmica**: as substâncias atravessam todas as camadas da pele, incluindo epiderme, derme e hipoderme, antes de entrar na corrente sanguínea. É uma via mais lenta, mas permite a absorção de substâncias maiores e lipofílicas.
- **Absorção percutânea**: as substâncias são absorvidas através das camadas da epiderme. Isso é possível graças à permeabilidade da epiderme para substâncias lipossolúveis. Essa via de absorção é mais rápida, mas limitada a substâncias com determinadas características.

3.5.1.2 Mecanismos de absorção cutânea

A absorção cutânea ocorre por meio de diferentes mecanismos, quais sejam:

- **Difusão passiva**: esse é o mecanismo mais comum, no qual as substâncias se movem de áreas de alta concentração para áreas de baixa concentração. Quanto maior for a diferença de concentração, mais rápida será a absorção.
- **Transporte ativo**: nesse mecanismo, as substâncias são transportadas ativamente através de células da epiderme com o uso de energia. Isso é menos comum na absorção cutânea, mas pode ser explorado em formulações específicas.

Existem outros mecanismos, como a absorção através dos folículos pilosos e das glândulas sudoríparas, que desempenham um papel nesse processo conforme as características das substâncias e a integridade da barreira cutânea.

3.5.1.3 Fatores que afetam a absorção cutânea

Vários fatores afetam a taxa de absorção cutânea, incluindo:

- **Natureza da substância**: a solubilidade, o tamanho molecular e outras características da substância desempenham um papel na capacidade de penetração na pele.
- **Concentração da substância**: quanto maior for a concentração da substância no produto aplicado, maior será a taxa de absorção.
- **Integridade da barreira cutânea**: danos na barreira cutânea, como cortes, queimaduras ou condições de pele, podem aumentar a taxa de absorção.

Compreender os processos de absorção cutânea e os mecanismos envolvidos é fundamental na cosmetologia e no desenvolvimento de produtos cosméticos e medicamentos tópicos. Esse conhecimento auxilia na formulação de produtos que atendam às necessidades específicas da pele e garante a eficácia do tratamento.

A absorção cutânea é um tópico crítico na cosmetologia, pois influencia diretamente a eficácia e a segurança dos produtos cosméticos. A formulação de produtos cosméticos leva em consideração a capacidade da pele de absorver ingredientes ativos, bem como a necessidade de minimizar a penetração de substâncias potencialmente prejudiciais.

Os produtos cosméticos são desenvolvidos com base em uma compreensão profunda da anatomia e da fisiologia da pele. Os formuladores consideram a espessura desse órgão, a integridade da barreira cutânea e a presença de anexos cutâneos, como folículos pilosos e glândulas sebáceas. Esses fatores interferem na capacidade de absorção da pele. Por exemplo, áreas com uma concentração mais alta de folículos pilosos podem permitir uma absorção mais rápida de certos ingredientes.

3.6 A pele como espelho da saúde geral

A pele não é apenas uma barreira de proteção; ela é também um reflexo da saúde geral de uma pessoa, como já mencionamos. Afecções cutâneas podem ser causadas por uma série de fatores, incluindo genética, exposição a agentes ambientais, desequilíbrios hormonais e estilo de vida. Algumas afecções, como a acne e a rosácea, afetam diretamente a aparência da pele, enquanto outras, como o câncer de pele, podem ter graves implicações para a saúde.

3.6.1 Impacto na cosmetologia

A cosmetologia atua na gestão e no tratamento de afecções cutâneas. Profissionais de estética e dermatologistas frequentemente trabalham juntos para desenvolver regimes de cuidados com a pele adaptados a cada condição específica. Além disso, muitos produtos cosméticos são formulados para atender às necessidades de peles sensíveis ou com afecções, propiciando alívio e melhoria da qualidade de vida.

A compreensão dessas afecções é essencial para profissionais da área de beleza e cuidados com a pele, pois permite oferecer orientações e produtos adequados a cada cliente, melhorando a saúde e a aparência da pele (Isenmann, 2021; Peyrefitte; Martini; Chivot, 1998; Dubois, 2019).

3.6.1.1 Afecções cutâneas comuns

As afecções cutâneas são problemas frequentes que podem afetar pessoas de todas as idades. Essas condições variam em gravidade e sintomas, mas todas têm impacto significativo na qualidade de vida e na autoestima. Entender as causas, os sintomas e os tratamentos dessas afecções é crucial para a gestão eficaz da saúde da pele.

Acne

A acne é uma das afecções cutâneas mais comuns, caracterizada pela formação de espinhas, cravos, cistos e nódulos. Geralmente afeta áreas com glândulas sebáceas, como o rosto, as costas e o peito. Sua causa é multifatorial e frequentemente envolve o excesso de produção de sebo, obstrução dos folículos pilosos e proliferação bacteriana. Além de impactar a aparência da pele, a acne pode causar desconforto e, em alguns casos, cicatrizes.

Eczema (dermatite atópica)

A dermatite atópica, comumente conhecida como *eczema*, é uma condição caracterizada por inflamação da pele, coceira e erupções cutâneas. Pode ser uma condição crônica e recorrente que afeta não apenas a aparência, mas também a qualidade de vida. Os sintomas variam de vermelhidão e descamação a lesões abertas e infecções secundárias.

Psoríase

A psoríase é uma condição autoimune que leva à formação de manchas vermelhas e escamosas na pele e ocorre quando o processo de renovação celular é acelerado, levando ao acúmulo de células na superfície da pele. Essas placas de pele afetadas podem causar coceira, dor e desconforto, além de interferir na aparência.

Dermatite de contato

A dermatite de contato é uma reação alérgica ou irritante na pele causada pelo contato com substâncias específicas, como metais, produtos químicos ou plantas. Os sintomas incluem vermelhidão, coceira, inchaço e bolhas na área afetada.

Rosácea

A rosácea é uma condição caracterizada por vermelhidão no rosto, frequentemente acompanhada por vasos sanguíneos visíveis e inchaço. Pode ser agravada por fatores como alimentos picantes, álcool e temperaturas extremas. Além de causar desconforto, a rosácea pode afetar a autoestima do paciente.

3.6.2 Raízes das afecções cutâneas

As afecções cutâneas podem se manifestar de várias maneiras e são frequentemente o resultado de uma complexa interação entre fatores genéticos, ambientais, relacionados ao estilo de vida e desencadeadores específicos.

Os fatores genéticos têm grande influência na predisposição às afecções cutâneas: indivíduos com histórico familiar de determinadas condições, como eczema ou psoríase, podem ser mais suscetíveis a essas afecções. Os genes podem afetar a forma como a pele lida com a inflamação, a produção de sebo, a regulação da hidratação e a resposta a estímulos externos.

O ambiente em que vivemos também afeta o estado de nossa pele. A exposição a elementos como poluição do ar, radiação UV, mudanças de temperatura e umidade, bem como a presença de alérgenos, pode interferir na saúde da pele. A exposição prolongada à radiação UV, por exemplo, é um dos principais desencadeadores de condições como o envelhecimento prematuro e o câncer de pele.

Fatores relacionados ao estilo de vida igualmente contribuem para o aparecimento de afecções cutâneas. O estresse crônico pode desencadear ou agravar condições como a rosácea e o eczema. Dietas ricas em alimentos processados, açúcares e gorduras saturadas estão associadas a problemas de pele, como a acne. O uso excessivo de produtos cosméticos inadequados ou a falta de uma rotina de cuidados com a pele adequada também podem causar problemas cutâneos.

Por fim, algumas afecções cutâneas podem ser desencadeadas por eventos ou substâncias específicas. Por exemplo, a dermatite de contato ocorre quando a pele entra em contato com alérgenos ou irritantes, como metais, produtos químicos ou plantas.

Alergias alimentares, medicamentosas ou a produtos tópicos podem causar erupções cutâneas e outros sintomas. As alergias de contato, em que a pele reage a substâncias específicas, são igualmente relevantes. A compreensão desses desencadeadores é vital para evitar futuras exposições.

A exposição solar inadequada e sem proteção é um fator de risco na maioria das afecções cutâneas. A radiação ultravioleta prejudicial pode causar desde queimaduras solares até envelhecimento prematuro e aumentar o risco de câncer de pele.

Entender as causas e os fatores contribuintes para as afecções cutâneas é fundamental para a prevenção e o tratamento adequados. A cosmetologia ajuda a orientar os clientes sobre como evitar desencadeadores prejudiciais e selecionar produtos e tratamentos adequados para manter uma pele saudável e com boa aparência. Cada fator desempenha um papel específico nas afecções cutâneas, e uma abordagem abrangente é essencial para mitigar seus efeitos e manter uma pele vibrante e saudável.

3.6.2.1 Identificação e avaliação do tipo de pele

É importante, neste momento, apresentar uma explanação detalhada de como os profissionais de cosmetologia identificam e avaliam o tipo de pele dos clientes. Vejamos a seguir:

- **Observação visual**: a observação visual é um método inicial e essencial na identificação do tipo de pele. Os profissionais examinam a pele do cliente para determinar características como oleosidade, textura, pigmentação, porosidade, rugosidade e tendências a manchas ou acne. Esses traços podem fornecer pistas valiosas sobre o tipo de pele.

- **Questionários e entrevistas**: profissionais de cosmetologia frequentemente realizam entrevistas ou aplicam questionários para obter informações adicionais sobre a pele do cliente. Perguntas relacionadas aos hábitos de cuidados com a pele, ao histórico de problemas de pele, a alergias a produtos ou a sensibilidades cutâneas ajudam a aprofundar a avaliação.
- **Testes de pele**: os testes cutâneos podem incluir a análise do nível de oleosidade, a medição da hidratação da pele e a avaliação da sensibilidade cutânea. Por exemplo, um teste de oleosidade pode ser realizado com o uso de fitas absorventes para quantificar a produção de óleo em diferentes áreas do rosto. A medição da hidratação pode ser feita por meio de dispositivos que avaliam o teor de água na camada superficial da pele. Além disso, testes de sensibilidade podem envolver a aplicação controlada de pequenas quantidades de substâncias em áreas da pele para verificar reações alérgicas ou irritações.
- **Técnicas avançadas**: profissionais de cosmetologia podem utilizar técnicas avançadas, como a análise da barreira cutânea, para avaliar a função de proteção da pele. Dispositivos de imagem, como câmeras de luz ultravioleta, podem revelar detalhes da pele que não são visíveis a olho nu, incluindo danos solares, pigmentação irregular e rugas.

3.6.2.2 Seleção de produtos adequados para o tipo de pele

A seleção de produtos pode ser guiada por médicos especialistas ou profissionais com sólida formação nas áreas de dermocosmetologia. Nessa etapa, são feitas análises que abrangem desde as características atuais da pele até o histórico de cuidados e fatores genéticos. Essa seleção é guiada pelas necessidades específicas da pele de cada cliente e considera fatores como sensibilidade, oleosidade, textura e outras características individuais.

- **Hidratantes**: a seleção de hidratantes depende do nível de hidratação da pele do cliente. Para peles secas, são recomendados hidratantes mais ricos, com ingredientes emolientes, que ajudam a reter a umidade. Para peles oleosas, são preferíveis hidratantes leves, que não obstruem os poros. No caso de peles sensíveis, são escolhidos produtos hipoalergênicos, sem fragrâncias ou componentes irritantes.
- **Limpadores**: limpadores são selecionados com base na oleosidade e na sensibilidade da pele. Para peles oleosas, limpadores que contêm agentes de limpeza mais fortes são preferidos para remover o excesso de óleo. Peles sensíveis requerem produtos suaves, sem álcool ou fragrâncias, que não causem irritação. A textura do limpador pode variar de acordo com as preferências do cliente, como géis, loções ou cremes.
- **Protetores solares**: a seleção de protetores solares leva em consideração o tipo de pele e as preocupações com a exposição ao sol. Peles claras podem precisar de protetores com alto FPS, enquanto peles mais escuras podem se beneficiar de FPS mais

baixos. A escolha de protetores com fórmulas não comedogênicas é crucial para evitar a obstrução dos poros.

□ **Tratamentos**: os tratamentos são ajustados de acordo com as necessidades específicas da pele. Para peles com sinais de envelhecimento, tratamentos contendo antioxidantes e retinoides podem ser recomendados. Para acne, produtos com ingredientes como ácido salicílico podem ser indicados. Peles sensíveis podem se beneficiar de tratamentos suaves, como os que incluem o uso de produtos com ácido hialurônico.

□ **Adaptação ao longo do tempo**: é essencial que os profissionais de cosmetologia estejam cientes de que as necessidades da pele podem mudar ao longo do tempo. Fatores como idade, condições ambientais e hormônios podem influenciar a saúde e a aparência da pele. Portanto, regimes de cuidados com a pele devem ser ajustados regularmente para acompanhar essas mudanças e garantir que os produtos continuem atendendo às necessidades em evolução da pele.

Síntese

A dermatologia é uma disciplina essencial na cosmetologia, pois fornece os conhecimentos científicos necessários para compreender a pele e os cuidados com a beleza. A compreensão dos tipos de pele, do pH da pele, das camadas da pele, dos efeitos do envelhecimento e das patologias cutâneas comuns é crucial para garantir a segurança e a eficácia dos produtos e dos tratamentos cosméticos. O conhecimento dermatológico permite que profissionais da cosmetologia atendam às necessidades específicas dos clientes para alcançar a saúde e a beleza da pele.

A formulação de produtos cosméticos é complexa e combina princípios químicos, biológicos e tecnológicos para criar produtos eficazes e seguros. Os ingredientes ativos, os emolientes, os conservantes, os tensoativos e os veículos desempenham papéis fundamentais na criação de produtos cosméticos que atendam às necessidades dos consumidores. O conhecimento dos princípios químicos subjacentes à formulação é essencial para a inovação e o sucesso na indústria de cosmetologia.

Para saber mais

HARRIS, M. I. N. de C. **Pele**: do nascimento à maturidade. São Paulo: Senac, 2018.

Atividades de autoavaliação

1. A respeito da anatomia da pele, qual das seguintes afirmações é correta?
    a) A camada mais profunda da pele é a epiderme, que contém vasos sanguíneos e terminações nervosas.
    b) A derme é a camada externa da pele e é responsável pela produção de melanina.
    c) A epiderme é composta por três subcamadas: córnea, espinhosa e granulosa.

d) A hipoderme, camada mais profunda da pele, é composta principalmente por células pigmentadas chamadas *melanócitos*.

2. 2. Assinale a afirmação correta sobre o processo de renovação da epiderme:
   a) A renovação da epiderme é um processo contínuo, que ocorre apenas uma vez na vida de uma pessoa.
   b) A epiderme é a camada mais profunda da pele e não passa por renovação.
   c) A renovação da epiderme envolve a constante produção de novas células na camada granulosa, que se deslocam para a camada córnea e eventualmente descamam.
   d) O processo de renovação da epiderme é controlado pelo sistema circulatório e não está relacionado à exposição à luz solar.

3. Descreva a composição da derme, incluindo as principais estruturas e componentes que a constituem. Explique a importância da derme para a saúde da pele e seu papel na regulação da temperatura corporal. Além disso, discuta como as alterações na derme podem contribuir para o envelhecimento da pele e o desenvolvimento de rugas.

4. Qual das seguintes afirmações é verdadeira sobre a pele e a absorção de substâncias?
   a) A pele é uma barreira impenetrável e não permite a absorção de substâncias.

b) A absorção de substâncias através da pele ocorre apenas na camada superior, a epiderme.

c) A pele é uma barreira seletiva que pode permitir a absorção de certas substâncias, especialmente se forem lipossolúveis.

d) A absorção de substâncias pela pele ocorre apenas em situações de lesão ou queimadura na superfície da pele.

5. Descreva os principais passos e critérios para identificar e avaliar o tipo de pele em um indivíduo. Quais características e fatores são levados em consideração ao determinar se a pele é seca, oleosa, mista ou sensível? Por que é importante conhecer o tipo de pele ao escolher produtos de cuidados com a pele?

Atividades de aprendizagem

Questões para reflexão

1. Quais práticas diárias você adota para proteger sua pele dos agressores ambientais, como a poluição e a radiação ultravioleta?

2. Como você reage a mudanças na aparência de sua pele, como o surgimento de acne ou ressecamento?

3. Você verifica os ingredientes dos produtos cosméticos que usa para garantir que eles sejam adequados para sua pele?

Atividade aplicada: prática

1. Fichamento – funções protetoras e reguladoras da pele

   Faça o fichamento de artigos ou estudos relacionados às funções protetoras e reguladoras da pele para aprofundar seu entendimento sobre a importância dessas funções e a forma como influenciam a escolha e o uso de cosméticos.

   Análise crítica:

   Explicar a relevância das descobertas para o entendimento das funções da pele.

   Aplicações práticas:

   Discutir como as informações podem ser aplicadas na prática de cuidados com a pele e na escolha de cosméticos.

   Reflexão pessoal:

   Refletir sobre como o estudo ampliou o entendimento pessoal sobre a importância da pele.

   Ações futuras:

   Descrever como esse novo conhecimento pode influenciar futuras escolhas e comportamentos em relação aos cuidados com a pele.

Capítulo 4

Biologia cutânea

Neste capítulo, examinaremos mais a fundo a estrutura anatômica da pele e suas camadas, bem como suas funções. Veremos a importância da renovação celular para a manutenção da pele e a função da barreira cutânea na prevenção da perda de água e na proteção contra patógenos. Também analisaremos como o excesso de sebo pode levar a problemas de pele, como a acne. Por fim, abordaremos a relação de fatores externos, como exposição ao sol e o estilo de vida, com o envelhecimento cutâneo.

4.1 Cromobiologia cutânea

A cromobiologia cutânea é parte essencial da cosmetologia, uma vez que a pele é um dos principais focos de tratamento e cuidado estético. A compreensão das interações entre a luz, a cor e a pele é crucial para o desenvolvimento de produtos cosméticos que atendam às necessidades individuais de cada tipo de pele. Por exemplo, protetores solares são formulados levando-se em consideração o espectro de luz que afeta a pele, enquanto produtos antienvelhecimento visam combater os efeitos nocivos da radiação UV.

Para explorar a cromobiologia cutânea, diversas metodologias são empregadas, incluindo espectrofotometria, análise de imagem, estudos de absorção e reflexão de luz, bem como ensaios clínicos. Essas técnicas permitem uma avaliação precisa das mudanças na pele relacionadas à exposição à luz e à cor, possibilitando o desenvolvimento de abordagens mais eficazes em cosmetologia (Acúrcio; Rodrigues, 2009).

4.1.1 Ciência da cromobiologia

A luz solar é fundamental na cromobiologia cutânea. A radiação solar é uma fonte primordial de energia que afeta a fotossíntese de vitamina D na pele. No entanto, a exposição excessiva à radiação ultravioleta (UV) pode resultar em danos à pele, incluindo queimaduras solares, fotoenvelhecimento e aumento do risco de câncer de pele. A compreensão dos diferentes tipos de radiação solar e suas interações com a pele é de suma importância para desenvolver estratégias de proteção solar eficazes.

Figura 4.1 – Composição do espectro eletromagnético nas faixas do ultravioleta, da luz visível e do infravermelho

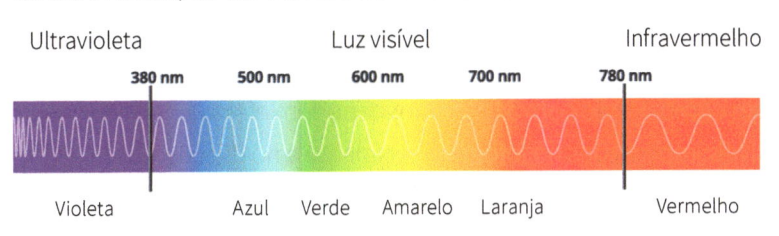

petrroudny43/Shutterstock

A exposição à luz artificial também tem um papel significativo na cromobiologia cutânea. A luz emitida por lâmpadas fluorescentes, lâmpadas de halogênio, LEDs e outras fontes luminosas pode influenciar a síntese de melanina e afetar a percepção da cor da pele. Além disso, a exposição crônica a certos tipos de luz artificial também pode ter efeitos negativos na pele, como a geração de radicais livres e o fotoenvelhecimento.

O espectro de cores é uma parte fundamental da cromobiologia cutânea. Diferentes cores de luz têm comprimentos de onda específicos que podem penetrar a pele em diferentes profundidades; por exemplo, a luz azul pode penetrar mais profundamente na pele do que a luz vermelha. Essas propriedades espectrais são exploradas na terapia com luz, em cosméticos e em procedimentos clínicos para atingir diferentes objetivos, como a melhora da textura da pele e o tratamento de condições dermatológicas.

4.1.2 Efeitos das radiações ultravioleta, visível e infravermelha

As radiações ultravioleta (UV), visível e infravermelha compõem diferentes partes dos espectros de luz que afetam a pele de maneiras distintas. A radiação UV é a principal causa de danos cutâneos, levando à formação de rugas, manchas e câncer de pele. Por sua vez, as radiações visível e infravermelha, embora menos estudadas em comparação com a UV, também podem afetar a pele, com possíveis implicações no fotoenvelhecimento e no desenvolvimento de distúrbios pigmentares (Brown, 2004).

4.1.2.1 Efeitos do fotodano

As queimaduras solares são uma das consequências imediatas da exposição excessiva aos raios UV emitidos pelo sol. A radiação UVB é a principal responsável por causar danos à epiderme, resultando em vermelhidão, dor e inflamação. Além do desconforto, queimaduras solares frequentes podem levar a danos cumulativos à pele e aumentar o risco de câncer de pele.

Além disso, a exposição crônica ao sol contribui para o envelhecimento prematuro da pele, também conhecido como *fotoenvelhecimento*. A radiação UVA é particularmente responsável por esse processo, o qual se caracteriza pelo aparecimento de rugas, flacidez, manchas escuras e perda de elasticidade da pele. O fotoenvelhecimento é resultado da degradação do colágeno e da elastina, fundamentais para a saúde da derme.

Ainda, além dos efeitos visíveis na pele, a exposição inadequada à radiação UV aumenta o risco de câncer de pele. A radiação UV pode causar mutações no DNA das células da pele, levando ao desenvolvimento de melanoma, carcinoma basocelular e carcinoma espinocelular. Esses cânceres de pele representam uma ameaça significativa à saúde pública (Rondon, 2005).

4.1.3 Fotoproteção como estratégia preventiva

Entre as medidas de proteção contra os fotodanos está o uso de protetores solares, que são produtos desenvolvidos especificamente para proteger a pele dos danos causados pelos raios UV. Eles contêm ingredientes ativos que absorvem ou refletem esses raios, impedindo que eles penetrem na pele. A aplicação regular e adequada de protetor solar é essencial para prevenir queimaduras solares e o fotoenvelhecimento, bem como reduzir o risco de câncer de pele.

Além dos protetores solares, roupas com proteção UV oferecem uma barreira física adicional contra a radiação solar. Tecidos especialmente projetados com propriedades de bloqueio UV ajudam a reduzir a exposição da pele à luz solar prejudicial. O uso de roupas adequadas, como chapéus de abas largas e camisas de manga longa, é recomendado, especialmente em ambientes com alta radiação solar. A conscientização sobre práticas seguras de exposição solar também tem grande importância na prevenção ao fotodano. Isso inclui evitar a exposição direta ao sol nos horários de pico, procurar sombra, utilizar óculos de sol de qualidade para proteger os olhos e manter-se hidratado para minimizar os efeitos desidratantes da radiação solar (Rondon, 2005).

4.1.4 Fundamentos da fototerapia

A interação entre a luz e a pele é um dos pilares da fototerapia. Diferentes comprimentos de onda de luz têm a capacidade de penetrar na pele em profundidades variadas, interagindo com células e componentes específicos da pele. Isso abre portas para o desenvolvimento de terapias que visam tratar condições de pele de forma seletiva.

A fototerapia é uma técnica que utiliza fontes de luz especializadas, como UV, visível e infravermelha, para tratar uma variedade de condições de pele. Esse tratamento é adaptado de acordo com a condição em questão. A terapia de UVB de banda estreita, por exemplo, é aplicada para tratar a psoríase; já a terapia de luz vermelha é aplicada no tratamento do envelhecimento da pele.

A fototerapia é frequentemente utilizada no tratamento da acne, recorrendo ao espectro de luz azul para eliminar as bactérias responsáveis pelo desenvolvimento de espinhas e inflamações. Essa iluminação atua na produção de radicais livres, que destroem as bactérias de maneira seletiva, reduzindo assim a severidade da acne.

Já a psoríase é uma condição de pele crônica que pode ser controlada com fototerapia. A radiação UVB de banda estreita é eficaz na redução do crescimento excessivo das células da pele e no alívio dos sintomas da psoríase. Os tratamentos podem ser realizados em clínicas especializadas ou em casa, sob supervisão profissional.

Por fim, a fototerapia com luz ultravioleta é frequentemente utilizada no tratamento do vitiligo, uma condição em que a pele perde a pigmentação. A exposição controlada à luz UV estimula a produção de melanina nas áreas afetadas, auxiliando na repigmentação da pele.

4.1.5 Cosmetologia e cromobiologia cutânea

A cosmetologia reconhece a influência da luz sobre a pele e os processos de pigmentação, degradação de colágeno e formação de radicais livres. Já a cromobiologia oferece *insights* sobre como a luz afeta a fisiologia cutânea, permitindo a criação de estratégias de proteção e prevenção. A integração de princípios cromobiológicos na cosmetologia permite a criação de produtos personalizados que atendam às necessidades específicas de diferentes tipos de pele e condições de exposição à luz.

A cromobiologia orienta a seleção de ingredientes ativos para proteção solar. Formulações que incorporam filtros UV específicos e antioxidantes, como as vitaminas C e E, ajudam a prevenir danos causados pela radiação UV, incluindo queimaduras solares, o fotoenvelhecimento e o risco de câncer de pele.

Produtos antienvelhecimento também se beneficiam dos princípios da cromobiologia. Ingredientes como retinoides e ácido hialurônico são cuidadosamente formulados para estimular a produção de colágeno e reparar danos causados pela exposição à luz, resultando em uma pele mais firme e jovem.

A proteção da barreira cutânea contra os danos causados pela luz é uma preocupação crescente na cosmetologia. Formulações contendo ceramidas, ácidos graxos e niacinamida são projetadas para fortalecer a função de barreira da pele, minimizando a perda de água transepidérmica e reduzindo a sensibilidade cutânea.

4.2 Influência dos hormônios na pele

Compreender como os hormônios afetam a pele permite que a cosmetologia ofereça estratégias de cuidados personalizados. Produtos e tratamentos podem ser adaptados para atender às necessidades específicas de diferentes tipos de pele, levando-se em consideração o perfil hormonal do indivíduo.

A compreensão da relação entre hormônios e saúde da pele também é crucial no desenvolvimento de tratamentos voltados para problemas de pele relacionados aos hormônios, como a acne hormonal. Terapias específicas podem ser projetadas para equilibrar os níveis hormonais e melhorar a qualidade da pele.

Os hormônios sexuais têm grande influência na saúde da pele. Durante a puberdade, o aumento desses hormônios, como os estrogênios e os andrógenos, afeta a produção de sebo, resultando em mudanças na textura e na oleosidade da pele. Além disso, o ciclo menstrual pode influenciar a sensibilidade e a aparência da pele.

O estresse crônico ativa a glândula adrenal para liberar cortisol e outros hormônios do estresse. Essa resposta hormonal pode levar a inflamações na pele, agravar condições preexistentes, como acne e eczema, e até acelerar o processo de envelhecimento.

Os hormônios da tireoide regulam o metabolismo e, por extensão, afetam a renovação celular da pele. Desregulações na tireoide podem resultar em pele seca, descamação e alterações na textura.

O estrogênio, principal hormônio sexual feminino, é essencial na manutenção da pele saudável. Ele estimula a produção de colágeno, que é crucial para a firmeza e a elasticidade da pele. O estrogênio também influencia a hidratação da pele, mantendo-a com uma aparência jovem e radiante.

Os hormônios sexuais masculinos, como a testosterona, afetam a produção de sebo na pele. O aumento dos níveis de andrógenos durante a puberdade pode resultar no aumento na oleosidade da pele, tornando-a mais propensa à acne.

Já o cortisol, um hormônio do estresse produzido pelas glândulas adrenais, pode causar uma série de efeitos prejudiciais na pele quando liberado em excesso. Um dos efeitos é o surgimento de inflamações, que podem agravar condições de pele, como acne e eczema, bem como o comprometimento da barreira cutânea, que ocasiona perda de água transepidérmica e ressecamento.

Há ainda os hormônios de crescimento, como a somatotropina, que auxiliam na regeneração celular e na produção de colágeno. Um equilíbrio adequado desses hormônios ajuda na manutenção da pele jovem e saudável, promovendo a reparação e a renovação celular (Manica; Nucci, 2017).

4.2.1 Efeitos da puberdade e do envelhecimento

A puberdade é um período de mudanças físicas e hormonais significativas na vida de um indivíduo. Durante esse estágio, as glândulas sexuais começam a produzir hormônios em maior quantidade, levando a mudanças na fisiologia da pele. Um dos efeitos mais notáveis é a ocorrência de acne. As glândulas sebáceas da pele se tornam mais ativas em razão do aumento dos níveis de andrógenos, resultando em uma maior produção de sebo. Isso, por sua vez, pode obstruir os poros e favorecer o desenvolvimento de espinhas e inflamações na pele.

O envelhecimento é um processo natural que afeta todos os sistemas do corpo, incluindo a pele. Um dos principais fatores envolvidos no envelhecimento da pele é a diminuição dos hormônios sexuais que ocorre com o avanço da idade. Essa diminuição tem efeitos significativos na pele e tem resultados como:

- **Rugas e linhas de expressão**: a queda nos níveis de estrogênio afeta a produção de colágeno e elastina na pele, resultando na perda de elasticidade. Isso leva ao aparecimento de rugas e linhas de expressão, que são mais evidentes com o envelhecimento.
- **Flacidez da pele**: a diminuição dos hormônios sexuais contribui para a perda de firmeza da pele. A derme enfraquece, o que resulta em uma pele mais flácida e menos tonificada (Silva, 2021).

4.2.2 Gravidez e saúde da pele

A gravidez é um período de notáveis mudanças hormonais no corpo da mulher. Essas flutuações hormonais desempenham um papel significativo nas alterações observadas na pele durante a gravidez. Alguns dos efeitos mais comuns são melasma, estrias e acne gestacional.

O melasma, também conhecido como *máscara da gravidez*, é caracterizado pelo aparecimento de manchas escuras no rosto, particularmente na testa, nas maçãs do rosto e no buço. Esse distúrbio de pigmentação ocorre em razão do aumento dos níveis de estrogênio e progesterona, que estimulam a produção de melanina.

O alongamento da pele durante a gravidez pode resultar na formação de estrias, que são cicatrizes na pele. A diminuição da elasticidade da pele graças às mudanças hormonais torna a pele mais suscetível a esse tipo de lesão.

Ademais, algumas mulheres podem experimentar o agravamento da acne durante a gravidez, em virtude do aumento dos níveis de hormônios androgênicos, que estimulam as glândulas sebáceas.

4.2.3 Terapias de reposição hormonal e a pele

As terapias de reposição hormonal (TRH) são frequentemente usadas para tratar os sintomas da menopausa. Elas podem ajudar a minimizar o ressecamento da pele, melhorar a elasticidade e estimular a produção de colágeno.

A TRH também pode levar a efeitos colaterais na pele, como aumento da sensibilidade e hiperpigmentação.

4.3 Efeitos do tabagismo na pele

O tabagismo é um dos principais contribuintes para o envelhecimento prematuro da pele. Os componentes químicos presentes no cigarro, como a nicotina e o monóxido de carbono, prejudicam a circulação sanguínea e a entrega de oxigênio e nutrientes à pele. Essas substâncias reduzem a produção de colágeno e elastina, proteínas responsáveis pela firmeza e elasticidade da pele. Consequentemente, as rugas se tornam mais evidentes, especialmente ao redor dos olhos e da boca.

Fumantes frequentemente apresentam uma tez pálida e descolorida em razão da diminuição do fluxo sanguíneo na pele. A falta de nutrientes resulta em uma pele opaca e sem brilho. O tabagismo pode agravar condições de pele preexistentes, como acne e psoríase, tornando-as mais difíceis de tratar. A capacidade da pele de se recuperar de feridas e lesões é prejudicada pelo tabagismo, tornando a cicatrização mais lenta e menos eficaz.

O tabagismo não prejudica apenas os pulmões e o coração; ele também deixa marcas na pele. É fundamental conscientizar as pessoas sobre os efeitos prejudiciais do fumo à saúde da pele, incentivando a busca por ajuda para cessar esse hábito e a adoção de um estilo de vida mais saudável. A pele é um reflexo visível da saúde geral, e a eliminação do tabagismo pode propiciar melhorias significativas na qualidade da pele e na aparência.

Como mencionamos, a exposição ao fumo de cigarro prejudica a circulação sanguínea. A nicotina e o monóxido de carbono presentes no cigarro causam estreitamento dos vasos sanguíneos, reduzindo o fluxo de sangue para a pele. Isso diminui o suprimento de oxigênio e nutrientes, comprometendo a capacidade da pele de se manter saudável e com boa aparência.

Cabe enfatizar que o tabagismo deixa uma marca indelével na pele, e as características específicas observadas em tabagistas são um testemunho dos efeitos prejudiciais desse hábito. Uma das características mais distintas da pele de fumantes é a tez acinzentada. A exposição à fumaça do cigarro compromete a circulação sanguínea, resultando em uma redução do suprimento de oxigênio à pele. Isso faz com que a pele fique descolorida e sem brilho, perdendo sua vitalidade e frescor.

O tabagismo acelera o processo de envelhecimento da pele, tornando as rugas mais pronunciadas, especialmente ao redor dos lábios e dos olhos. Isso ocorre em virtude da diminuição da produção de colágeno e elastina, que são essenciais para manter a firmeza e a elasticidade da pele.

Fumantes frequentemente têm lábios mais finos em comparação com não fumantes. Isso ocorre porque a fumaça do cigarro causa a quebra das fibras de colágeno e elastina nos lábios, levando a uma perda de volume. Com efeito, a pele de fumantes tende a ser menos resistente e mais propensa à flacidez.

Manchas pigmentares, ou hiperpigmentação, são frequentemente observadas na pele de tabagistas. O tabagismo desencadeia uma resposta inflamatória na pele, resultando em descolorações e manchas escuras.

É importante notar que os efeitos do tabagismo na pele podem se manifestar de maneira mais acentuada em fumantes crônicos, que têm uma exposição prolongada à fumaça do cigarro. No entanto, mesmo os fumantes ocasionais podem apresentar algumas dessas características indesejadas na pele (Da Silva Sá; Rodrigues Bachur, 2020).

4.3.1 Comparação entre a pele de tabagistas e a de não fumantes

Os não fumantes geralmente desfrutam de uma série de benefícios em relação à saúde da pele. A produção de colágeno e elastina, essenciais para a firmeza da pele, é mais saudável em não fumantes. Isso resulta em menos rugas e linhas finas na pele, mesmo com o processo natural de envelhecimento. A pele dos não fumantes tende a ter uma aparência mais luminosa e vibrante em razão do fluxo sanguíneo adequado e do suprimento necessário de oxigênio e nutrientes. Não fumantes apresentam menos manchas pigmentares, descolorações e danos visíveis relacionados ao envelhecimento. Sua pele tem uma qualidade mais uniforme e saudável.

A boa notícia é que os danos causados pelo tabagismo à pele podem ser revertidos depois de cessar o hábito. Parar de fumar é uma das melhores ações que alguém pode ter para melhorar a saúde da pele. Após a interrupção do tabagismo, a circulação sanguínea na pele melhora significativamente, permitindo o melhor fornecimento de oxigênio e nutrientes. Com o tempo, a produção de colágeno e elastina pode ser restaurada, resultando em uma pele mais firme e elástica. A diminuição do tabagismo pode levar à redução de rugas e manchas pigmentares. A pele pode recuperar sua luminosidade e uniformidade. Parar de fumar não apenas melhora a pele existente, mas também reduz o risco de danos futuros causados pelo tabagismo.

4.4 Fundamentos da corneoterapia

A corneoterapia é uma abordagem terapêutica inovadora que tem revolucionado a cosmetologia e o cuidado da pele. Seu foco na restauração e no fortalecimento da camada córnea da epiderme, a camada mais externa da pele, torna essencial compreender os fundamentos dessa abordagem terapêutica (Silva, 2019).

4.4.1 Camada córnea e sua importância na barreira cutânea

A camada córnea, também conhecida como *estrato córneo*, é a camada mais externa da epiderme e desempenha um papel crítico na barreira cutânea. Essa camada é composta por células achatadas chamadas *corneócitos*, que são envolvidas por lipídios intercelulares. A camada córnea serve como a primeira linha de defesa da pele, protegendo o corpo contra a perda excessiva de água e a entrada de substâncias indesejadas, como patógenos e poluentes.

A estrutura da camada córnea compreende os seguintes componentes:

- **Corneócitos**: são as células da camada córnea que se encontram mais próximas da superfície da pele. Essas células tornam-se corneócitos mortos à medida que se movem em direção à superfície da pele. Elas são a principal componente da camada córnea e desempenham um papel crucial na manutenção da integridade da barreira cutânea.
- **Lipídios intercelulares**: essas células preenchem os espaços entre os corneócitos, formando uma matriz lipídica. Essa matriz atua como um selo protetor que impede a perda excessiva de água da pele e protege contra a penetração de substâncias nocivas.
- **Microbiota da pele**: a camada córnea abriga uma comunidade diversificada de microrganismos, conhecida como *microbiota da pele*. Essa microbiota atua na proteção da pele contra patógenos invasores, competindo por espaço e nutrientes e mantendo um ambiente equilibrado.

A camada córnea é a primeira linha de defesa da pele, atuando como uma barreira física e química contra ameaças externas. Sua integridade é essencial para a manutenção da saúde da pele, pois impede a perda excessiva de água, protege contra agentes agressores, como bactérias e poluentes, e mantém o equilíbrio da microbiota da pele. Qualquer comprometimento na estrutura ou na função da camada córnea pode levar a problemas na barreira cutânea, como ressecamento, sensibilidade, inflamação e envelhecimento prematuro da pele.

4.4.2 Princípios-chave da corneoterapia

A **restauração da barreira cutânea** é um dos pilares da corneoterapia. A barreira cutânea saudável é fundamental na retenção de água, impedindo a perda excessiva de umidade da pele. A corneoterapia busca reverter danos na barreira cutânea causados por fatores como agressões ambientais, produtos químicos e envelhecimento. Isso é alcançado por meio da seleção de ingredientes e técnicas terapêuticas que restauram a integridade da camada córnea.

Além da restauração da barreira cutânea, a corneoterapia visa ao **fortalecimento da função de barreira** da pele. Isso envolve a promoção da síntese de ceramidas, lipídios essenciais que desempenham um papel crucial na manutenção da barreira cutânea. Ao fortalecer a função de barreira, a corneoterapia ajuda a prevenir a entrada de substâncias indesejadas na pele, como patógenos e alérgenos, garantindo um ambiente interno saudável.

4.4.3 Técnicas de corneoterapia

A seleção de ingredientes ativos compatíveis é um dos princípios-chave da corneoterapia; trata-se da escolha cuidadosa de ingredientes ativos compatíveis com a pele. Isso significa selecionar ingredientes que mimetizam os componentes naturais da pele, como ceramidas, ácidos graxos e colesterol. Esses ingredientes são incorporados em produtos terapêuticos para ajudar a restaurar a barreira cutânea e a função de barreira.

A reparação da barreira lipídica também é um fator de suma importância, pois a barreira lipídica é composta de lipídios intercelulares que agem na integridade da camada córnea. Técnicas de corneoterapia buscam reparar essa barreira lipídica, frequentemente comprometida por agressões externas. As técnicas utilizadas envolvem a aplicação de produtos que contêm lipídios semelhantes aos encontrados na pele, fortalecendo a estrutura lipídica.

Outro fator a ser considerado é a restauração do equilíbrio do microbioma, pois a microbiota da pele é composta de uma comunidade diversificada de microrganismos benéficos. A corneoterapia leva em conta a importância de manter um equilíbrio saudável do microbioma cutâneo. Tratamentos podem incluir probióticos tópicos e prebióticos para nutrir as bactérias benéficas da pele, fortalecendo sua função protetora.

Um dos aspectos mais marcantes da corneoterapia é a ênfase na individualização dos tratamentos. Cada cliente apresenta necessidades específicas de cuidados com a pele, as quais podem variar com base em fatores como tipo de pele, condições cutâneas existentes e histórico de cuidados anteriores. Portanto, a corneoterapia envolve a avaliação minuciosa da pele de cada cliente e a adaptação de tratamentos personalizados para atender a essas necessidades específicas.

4.4.4 Corneoterapia na cosmetologia

A corneoterapia tem se mostrado altamente eficaz no tratamento de várias condições de pele. Para pacientes com dermatite, a restauração da barreira cutânea é crucial para reduzir a inflamação e aliviar o desconforto. A rosácea também pode ser tratada com ingredientes que acalmam a pele e reduzem a vermelhidão. Ainda, pessoas com psoríase, uma condição crônica da pele, podem se beneficiar da restauração da barreira cutânea e do uso de ingredientes que ajudam a controlar a descamação excessiva. Para a acne, a corneoterapia ajuda a equilibrar a produção de óleo e a manter a pele livre de obstruções. Além disso, no envelhecimento cutâneo, a restauração da barreira cutânea e o fortalecimento da função de barreira ajudam a manter a pele com uma aparência jovem e saudável.

    A corneoterapia atua no desenvolvimento de produtos de cuidados com a pele. Hidratantes enriquecidos com ingredientes ativos que restauram a barreira cutânea são essenciais para manter a pele saudável e hidratada. Séruns formulados com ingredientes que estimulam a síntese de ceramidas e lipídios essenciais são ideais para fortalecer a função de barreira. Máscaras terapêuticas podem ser desenvolvidas para atender a necessidades específicas da pele, proporcionando tratamentos de recuperação.

    A abordagem da corneoterapia valoriza a análise da barreira cutânea e a consideração das necessidades individuais da pele de cada cliente. Por meio de uma avaliação minuciosa da pele, os profissionais de cosmetologia podem adaptar tratamentos personalizados que visam restaurar e fortalecer a barreira cutânea, atuando em condições específicas de pele. Isso garante que os tratamentos atendam às necessidades únicas de cada cliente, maximizando os resultados terapêuticos.

4.5 Sinergia dos produtos cosméticos

A sinergia dos produtos cosméticos é um princípio fundamental na otimização dos tratamentos estéticos. Compreender como diferentes produtos interagem entre si é essencial para alcançar resultados eficazes. Por exemplo, a combinação de um antioxidante com determinado protetor solar pode fornecer uma proteção superior contra danos causados pelos raios UV. O uso de um sérum com ácido hialurônico seguido por um hidratante pode proporcionar hidratação profunda e duradoura. A sinergia dos produtos permite que cada um potencialize os benefícios do outro.

A ordem dos produtos é crucial: inicia-se com a limpeza para remover impurezas e preparar a pele. A aplicação de tratamentos específicos se segue à limpeza, permitindo que os ingredientes ativos penetrem eficazmente. A hidratação e a proteção solar são etapas finais importantes. Uma sequência adequada de produtos assegura que os ingredientes ativos sejam absorvidos na ordem certa e que a pele esteja protegida.

Ainda, tratamentos estéticos, como *peelings* químicos, microagulhamento e terapias a *laser*, podem afetar a integridade da barreira cutânea e a sensibilidade da pele; portanto, a sequência de produtos cosméticos deve ser adaptada. Profissionais de cosmetologia podem personalizar a sequência para garantir a recuperação adequada e maximizar os benefícios dos tratamentos (Silva, 2019; Leonardi, 2004; Isenmann, 2021).

4.5.1 Preparação inicial da pele: o fundamento dos cuidados com a pele

Antes de adentrar nos detalhes dos tratamentos cosméticos e dos cuidados com a pele, é fundamental compreender a etapa inicial de preparação da pele. A preparação da pele tem influência na eficácia dos produtos subsequentes e é a base para uma rotina de cuidados com a pele bem-sucedida.

A limpeza da pele é o primeiro passo essencial em qualquer rotina de cuidados com a pele. A exposição diária a poluentes, poeira, maquiagem e a oleosidade natural da pele podem resultar no acúmulo de impurezas na superfície da pele. A remoção dessas impurezas é fundamental, uma vez que uma pele limpa fornece uma tela limpa e receptiva para os produtos cosméticos subsequentes.

A limpeza da pele também é importante na prevenção de problemas de pele, como a acne, ao eliminar as bactérias que podem levar ao surgimento de espinhas. Além disso, uma pele limpa promove a absorção eficaz de ingredientes ativos presentes em produtos como séruns e hidratantes, maximizando os benefícios almejados (Silva, 2019).

4.5.2 Esfoliação: o passo seguinte para uma pele radiante

Após a limpeza da pele, a etapa seguinte é a esfoliação, que auxilia na eliminação de células mortas da pele e na promoção da renovação celular. A esfoliação ajuda a manter a pele radiante e saudável.

A esfoliação é um processo que remove suavemente as células mortas da camada mais externa da pele, revelando uma pele mais suave e luminosa por baixo. Ela também ajuda a desobstruir os poros, prevenindo o aparecimento de acne e melhorando a textura da pele. A esfoliação regular é fundamental para manter uma pele com aparência saudável e jovem.

4.5.3 Tônicos: restaurando o equilíbrio da pele

Os tônicos são um passo frequentemente subestimado, mas essencial na rotina de cuidados com a pele. Eles ajudam a equilibrar o pH da pele, que pode ser afetado pela limpeza e pela esfoliação. Além disso, tônicos ajudam a restaurar a hidratação da pele, preparando-a para receber os produtos cosméticos subsequentes.

A seleção de tônicos apropriados ao tipo de pele do cliente é crucial. Tônicos hidratantes são ideais para peles secas, enquanto tônicos adstringentes são mais indicados para peles oleosas. A escolha cuidadosa de tônicos personalizados pode aprimorar a eficácia dos tratamentos cosméticos e promover uma pele saudável e equilibrada.

4.6 Tratamentos direcionados: abordagem da aplicação de tratamentos específicos

A maioria dos tratamentos dermatológicos direciona os pacientes, por meio de profissionais regulamentados, para dinâmicas específicas para a sua pele e os problemas relacionados. Vejamos a seguir produtos que servem para tratamentos específicos:

- **Antienvelhecimento**: séruns e cremes com ingredientes como retinol, ácido hialurônico e antioxidantes são essenciais para combater os sinais de envelhecimento. O retinol estimula a renovação celular, reduzindo rugas, enquanto o ácido hialurônico mantém a pele hidratada e preenche linhas finas. Os antioxidantes, como a vitamina C, protegem a pele dos danos causados pelos radicais livres.
- **Acne**: tratamentos direcionados para acne contêm ingredientes como ácido salicílico e peróxido de benzoíla. Esses ingredientes combatem a acne, reduzindo a inflamação e a produção de oleosidade. Além disso, ingredientes calmantes, como a camomila, ajudam a aliviar a irritação.
- **Hiperpigmentação**: para tratar hiperpigmentação, os produtos frequentemente contêm ingredientes clareadores, como a niacinamida, o ácido kójico ou o ácido glicólico. Esses ingredientes reduzem manchas escuras e uniformizam o tom da pele.

4.6.1 Hidratação: pilar da saúde da pele

Os hidratantes são formulados para manter a umidade na pele, impedindo a perda excessiva de água. Eles contêm ingredientes que formam uma barreira protetora na superfície da pele, mantendo-a hidratada e protegida contra fatores ambientais agressivos. Além disso, a hidratação ajuda a manter a flexibilidade e a elasticidade da pele.

4.6.2 Importância da escolha de produtos compatíveis e seguros

A seleção de produtos direcionados deve levar em consideração a compatibilidade e a segurança. Produtos incompatíveis podem causar reações adversas, e ingredientes inseguros podem provocar danos à pele. Portanto, é fundamental escolher produtos apropriados para o tipo de pele de cada cliente, levando em conta sensibilidades individuais e histórico de alergias. A segurança e a eficácia devem ser prioridades ao escolher produtos para tratamentos direcionados.

Síntese

A abordagem inovadora que integra a cromobiologia na cosmetologia está revolucionando o desenvolvimento de produtos de cuidados com a pele. Os ingredientes ativos e as formulações cuidadosamente projetadas têm o potencial de abordar de forma eficaz os desafios relacionados à exposição à luz e ao envelhecimento da pele. Produtos que protegem e fortalecem a barreira cutânea contra danos causados pela luz oferecem soluções cada vez mais sofisticadas para a promoção da saúde e da beleza da pele. No entanto, é importante ressaltar que a consulta a um dermatologista ou profissional de saúde ainda é essencial para escolher os produtos e tratamentos mais adequados às necessidades individuais da pele.

A relação entre hormônios e saúde da pele é um campo fascinante e em constante evolução. Como um dos órgãos mais visíveis do corpo, a pele reflete as flutuações hormonais e pode ser afetada por desequilíbrios hormonais. A compreensão dessa complexa interação é crucial na cosmetologia, permitindo o desenvolvimento de abordagens de cuidados com a pele mais eficazes e personalizadas.

Manter um equilíbrio hormonal é fundamental para a saúde da pele. Desequilíbrios hormonais, como os observados na menopausa, na puberdade ou em condições médicas específicas, podem resultar em alterações significativas na qualidade da pele. Um equilíbrio saudável de hormônios sexuais, hormônios do estresse e hormônios de crescimento é essencial para manter a pele com boa aparência e funcionando de forma eficaz.

Para saber mais

RIBEIRO, C. **Cosmetologia aplicada a dermoestética**. 2. ed. São Paulo: Pharmabooks, 2010.

Atividades de autoavaliação

1. Qual dos seguintes efeitos é mais comumente associado à radiação ultravioleta (UV), em comparação com as radiações visível e infravermelha?
   a) Rugas e envelhecimento prematuro da pele.
   b) Hiperpigmentação e manchas escuras na pele.
   c) Vasodilatação e vermelhidão da pele.
   d) Sensação de calor e aquecimento da pele.

2. Descreva os diferentes comprimentos de onda da radiação ultravioleta (UV), incluindo os tipos UVA, UVB e UVC. Explique como esses comprimentos de onda afetam a pele e por que a proteção contra a radiação UV é importante. Além disso, discuta as medidas que podem ser tomadas para prevenir danos à pele causados pela exposição à radiação UV.

3. Sobre a influência dos hormônios na pele, assinale V para verdadeiro e F para falso:
   ( ) Os hormônios podem afetar a produção de sebo e estão relacionados à pele oleosa e ao desenvolvimento de acne.
   ( ) A produção de colágeno e elastina na pele é influenciada por hormônios sexuais masculinos, como o estrogênio.
   ( ) Durante a gravidez, as mudanças hormonais podem levar ao aumento da pigmentação da pele, resultando em melasma.

4. A respeitos dos efeitos da puberdade e do envelhecimento na pele, assinale a alternativa correta:
   a) A puberdade geralmente leva a uma redução na produção de colágeno e elastina na pele.

b) Durante a puberdade, a pele tende a se tornar mais fina em virtude do aumento na produção de colágeno.
c) O envelhecimento da pele é caracterizado por um aumento na produção de sebo e pele oleosa.
d) Ao longo do processo de envelhecimento, a pele perde sua elasticidade e firmeza em razão da diminuição na produção de colágeno e elastina.

5. Descreva sucintamente os principais efeitos do tabagismo na saúde da pele, incluindo o modo como ele pode contribuir para o envelhecimento precoce e agravar condições cutâneas.

Atividades de aprendizagem

Questões para reflexão

1. Você se expõe frequentemente ao sol sem proteção? Como a exposição aos raios UV pode acelerar o envelhecimento cutâneo e quais medidas preventivas você poderia adotar para proteger sua pele?
2. Quais são os sinais de envelhecimento cutâneo que você já percebeu em sua própria pele? Quais ações preventivas ou tratamentos você poderia explorar para mitigar esses efeitos?

Atividade aplicada: prática

1. Plano de aula sobre a pele
   Explorar o conteúdo teórico que abranja os seguintes tópicos:

- Breve apresentação sobre as camadas da pele (epiderme, derme e hipoderme) e suas funções.
- Explicação sobre a renovação celular e sua importância para a saúde da pele.
- Discussão sobre a função da barreira cutânea na prevenção da perda de água e na proteção contra patógenos.

Atividade prática

Experimento de hidratação:

- Material: recipientes, água, óleo, hidratantes de diferentes tipos.
- Procedimento: demonstrar como diferentes hidratantes afetam a retenção de água na pele usando recipientes que simulem camadas de pele e substâncias para representar diferentes tipos de hidratantes.
- Reflexão: relacionar os resultados do experimento com a função da barreira cutânea e a importância da hidratação.

Discussão em grupo:

- Reflexão sobre a importância de integrar teoria e prática nos cuidados com a pele.
- Compartilhamento de experiências pessoais e ajustes nas rotinas de cuidados com a pele com base nos resultados observados.

Capítulo 5

Ativos de cosméticos

Neste capítulo, veremos o que são ativos de cosméticos e qual é seu papel na formulação de produtos de cuidados com a pele e a beleza. Além disso, analisaremos a importância de escolher ativos apropriados com base nas necessidades da pele. Descreveremos as propriedades do ácido hialurônico na hidratação da pele e destacaremos os benefícios do retinol na redução de rugas e no estímulo à renovação celular. Também examinaremos as propriedades antioxidantes da vitamina C e seu papel na redução de danos causados pelo sol, ressaltando como essa vitamina pode melhorar a aparência geral da pele. Por fim, abordaremos como os alfa-hidroxiácidos ajudam a esfoliar a pele e a melhorar sua textura.

5.1 Análise das principais características de ativos para a região dos olhos

A região periorbital, que compreende a área ao redor dos olhos, é uma das mais notáveis e sutis do rosto humano. Além de sua importância funcional, os olhos têm um papel proeminente na comunicação não verbal, contribuindo significativamente para a expressão facial e a percepção da beleza e da saúde da pele (Ribeiro, 2010).

5.1.1 A pele na região dos olhos

A pele na região dos olhos é singular em sua delicadeza e finura, características que a tornam particularmente vulnerável aos sinais de envelhecimento. Sua finura é notável, sendo até dez vezes mais fina do que a pele em outras partes do rosto. Essa característica a torna suscetível a danos e fatores ambientais, aumentando a necessidade de cuidado específico e proteção.

Além disso, a região periorbital é desprovida de glândulas sebáceas em comparação com outras áreas do rosto. Essas glândulas produzem sebo, que é essencial para a hidratação e a proteção da pele. A ausência de glândulas sebáceas na região dos olhos a torna mais suscetível ao ressecamento e à perda de elasticidade, deixando-a propensa a rugas e linhas finas.

Figura 5.1 – Diferentes características de pele

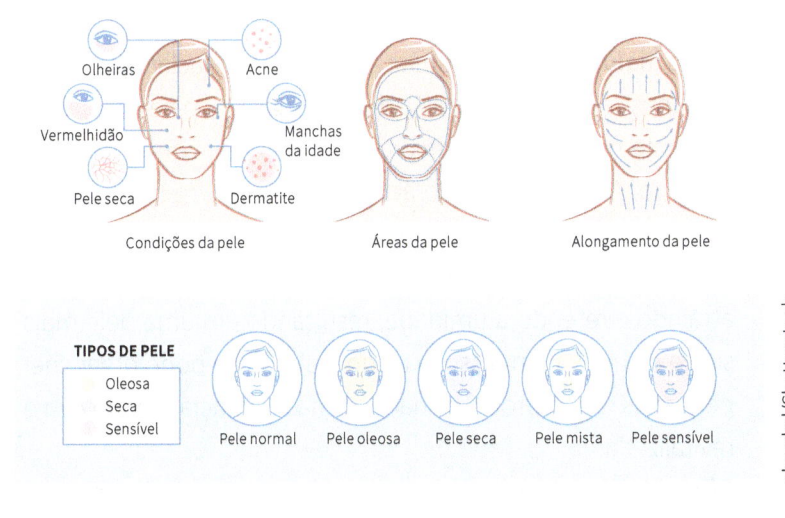

elenabsl/Shutterstock

Outra particularidade notável da pele na região dos olhos é sua tendência ao inchaço e às olheiras. Graças à microcirculação delicada nessa área, a retenção de líquidos e a dilatação dos vasos sanguíneos podem resultar em bolsas e olheiras, tornando a expressão facial menos vibrante e descansada.

Portanto, diante dessas características distintivas, é essencial reconhecer a necessidade de cuidados específicos para a região dos olhos. O entendimento de sua delicadeza, finura e vulnerabilidades exige a seleção de produtos e ingredientes ativos que se adéquem às demandas dessa área sensível, permitindo a manutenção da saúde e vitalidade da pele nessa região expressiva do rosto.

5.1.2 Abordagem de ingredientes ativos para hidratação e nutrição na região dos olhos

- **Ácido hialurônico**: é um dos ingredientes mais aclamados para cuidados com a pele. Trata-se de uma substância naturalmente presente na pele, mas sua produção diminui com o envelhecimento. A capacidade do ácido hialurônico de reter água é excepcional, o que faz dele um aliado poderoso na hidratação. Quando aplicado na região dos olhos, ele age como uma esponja, atraindo e retendo a umidade, resultando em uma pele mais suave e firme. Além disso, o ácido hialurônico pode preencher pequenas rugas, proporcionando uma aparência mais jovem e revitalizada.
- **Glicerina**: é um agente hidratante eficaz que atrai a umidade da atmosfera para a pele. Sua capacidade de reter água ajuda a evitar o ressecamento e a descamação na região dos olhos. Ao criar uma barreira protetora que mantém a pele hidratada, a

glicerina suaviza e nutre, contribuindo para uma pele mais saudável e resiliente. Ademais, sua ação emoliente ajuda a aliviar a sensação de repuxamento, comum na pele seca.

- **Pantenol (vitamina B5)**: é um ingrediente conhecido por sua capacidade de regeneração e acalmação da pele. Na região dos olhos, ele é valioso na suavização da pele e na melhoria da barreira protetora. Além de seu potencial hidratante, estimula a renovação celular, promovendo uma textura mais uniforme e atenuando a aparência de linhas finas.
- **Vitaminas C e E**: são antioxidantes essenciais para a saúde da pele. A vitamina C, ou ácido ascórbico, é conhecida por seu papel na redução de danos causados pelos radicais livres e na estimulação da produção de colágeno. Quando aplicada na região dos olhos, ela ajuda a uniformizar o tom da pele, reduzindo a aparência de hiperpigmentação. A vitamina E, por sua vez, protege a pele dos danos causados pela exposição solar e pelo envelhecimento. Ela atua como um escudo protetor, contribuindo para uma pele mais resiliente.

Em resumo, a seleção criteriosa de ingredientes ativos com foco na hidratação e na nutrição, como o ácido hialurônico, a glicerina, o pantenol e as vitaminas C e E, oferece uma abordagem completa para combater o ressecamento e suavizar linhas finas na região dos olhos. Esses ingredientes trabalham em harmonia para proporcionar uma pele mais hidratada, jovem e saudável, revitalizando a expressão facial.

5.1.3 Ingredientes para redução de olheiras e inchaço

A redução de olheiras e inchaço na região dos olhos é uma preocupação comum nos cuidados com a pele. A abordagem de ingredientes ativos específicos para essa finalidade auxilia no desenvolvimento de produtos que propiciem a melhoria da aparência e da saúde da pele nessa área sensível.

A **cafeína** é um ingrediente amplamente reconhecido por suas propriedades vasoconstritoras. Quando aplicada na região dos olhos, a cafeína atua contraindo os vasos sanguíneos, reduzindo assim o inchaço e a aparência de olheiras. Ela também tem a capacidade de estimular a circulação sanguínea, o que contribui para uma melhoria significativa na aparência da área dos olhos. Além disso, a cafeína atua como um antioxidante, combatendo os radicais livres e protegendo a pele contra o estresse ambiental.

Outro ingrediente utilizado para essa finalidade é o **extrato de hamamélis**, que é conhecido por suas propriedades adstringentes e anti-inflamatórias. Na região dos olhos, ele ajuda a reduzir a inflamação, o que é frequentemente associado ao inchaço. Seu efeito adstringente auxilia na contração dos vasos sanguíneos, diminuindo o aspecto das olheiras. O extrato de hamamélis é suave e adequado para a pele sensível ao redor dos olhos, proporcionando alívio e redução do inchaço.

Já os **peptídeos** são compostos de aminoácidos que atuam na regulação de processos biológicos na pele. Em produtos para os olhos, essa substância trabalha na redução de olheiras e inchaço. Alguns peptídeos têm propriedades anti-inflamatórias, o que ajuda a acalmar a área dos olhos e reduzir a vermelhidão e o inchaço. Alguns peptídeos específicos podem estimular a produção de colágeno, melhorando a firmeza da pele e reduzindo a aparência de olheiras.

5.1.4 Tratamento de rugas e linhas de expressão na área dos olhos

As rugas e as linhas de expressão na região dos olhos são uma preocupação comum. Tratar essa área requer o uso de ingredientes ativos específicos, como retinol, ácido alfa-lipoico e peptídeos de colágeno, que têm a capacidade de estimular a produção de colágeno e melhorar a elasticidade da pele.

O retinol, uma forma de vitamina A, é amplamente conhecido por seu poder na renovação celular e estímulo da produção de colágeno. Quando aplicado na área dos olhos, ajuda a suavizar rugas e linhas de expressão, ao mesmo tempo que melhora a textura da pele. É essencial começar com concentrações mais baixas de retinol e aumentar gradualmente, já que a região dos olhos é sensível.

O ácido alfa-lipoico, por sua vez, é um antioxidante poderoso que demonstrou melhorar a elasticidade da pele na região dos olhos. Além de reduzir a aparência de rugas, ele ajuda a combater os radicais livres, contribuindo para uma pele mais jovem e vibrante.

Os peptídeos de colágeno são ingredientes valiosos que estimulam a produção de colágeno na pele. Eles colaboram para a melhoria da firmeza e da elasticidade da pele, suavizando rugas e linhas de expressão na área dos olhos.

A seleção cuidadosa de ingredientes ativos direcionados à redução de olheiras, inchaço, rugas e linhas de expressão na região dos olhos é fundamental para alcançar resultados eficazes. A cafeína, o extrato de hamamélis, os peptídeos, o retinol e o ácido alfa-lipoico são componentes essenciais que oferecem propriedades vasoconstritoras, anti-inflamatórias e estimulantes de colágeno. Esses ingredientes trabalham em harmonia para promover uma aparência mais jovem, saudável e revitalizada na área dos olhos.

5.2 Análise das principais características de ativos clareadores

A busca por uma pele uniforme e radiante tem levado ao desenvolvimento de diversos ativos clareadores utilizados na cosmetologia. Esses ativos são empregados no tratamento de hiperpigmentação, manchas escuras e melasma, entre outras condições dermatológicas. Nesta seção, analisaremos as principais características de alguns desses ativos clareadores, considerando sua eficácia, mecanismos de ação e segurança de uso (Rebello, 2015; Silva, 2019).

5.2.1 Ácido kójico

O ácido kójico é um derivado do cogumelo *Aspergillus oryzae*, conhecido por sua eficácia no clareamento da pele. Sua principal ação ocorre pela inibição da tirosinase, uma enzima-chave na produção de melanina. Além disso, o ácido kójico tem propriedades antioxidantes, ajudando a reduzir os danos causados pelos radicais livres. Estudos clínicos têm demonstrado sua eficácia no tratamento de manchas pigmentares, com resultados satisfatórios e poucos efeitos colaterais.

5.2.2 Hidroquinona

A hidroquinona é um dos ativos clareadores mais antigos e amplamente utilizados na prática dermatológica. Sua ação se baseia na inibição da tirosinase e na destruição dos melanócitos hiperativos. Apesar de sua eficácia comprovada, essa substância tem sido alvo de controvérsias em razão de seus potenciais efeitos adversos, como irritação cutânea, hipopigmentação reversível e risco de toxicidade sistêmica. Por isso, seu uso deve ser cuidadosamente monitorado e limitado a períodos curtos.

5.2.3 Ácido ascórbico (vitamina C)

A vitamina C, ou ácido ascórbico, é um poderoso antioxidante e ativo clareador amplamente utilizado na cosmetologia. Além de sua capacidade de neutralizar os radicais livres e prevenir danos oxidativos, o ácido ascórbico também atua na inibição da tirosinase e na redução da produção de melanina. Estudos têm demonstrado sua eficácia no clareamento da pele, especialmente quando combinado com outros ativos clareadores, como o ácido kójico e a hidroquinona.

5.2.4 Ácido glicólico

O ácido glicólico é um alfa-hidroxiácido (AHA) derivado da cana-de-açúcar, amplamente utilizado em produtos esfoliantes e clareadores. Sua principal ação ocorre pela remoção das camadas superficiais da pele, promovendo a renovação celular e o clareamento gradual de manchas pigmentares. Ademais, o ácido glicólico estimula a síntese de colágeno e elastina, proporcionando benefícios adicionais para a saúde e a beleza da pele.

5.2.5 Considerações gerais

Os ativos clareadores representam uma importante ferramenta no tratamento de hiperpigmentação e outras condições dermatológicas relacionadas à pigmentação da pele. No entanto, é fundamental considerar não apenas a eficácia desses ativos, mas também sua segurança de uso a longo prazo. A escolha do ativo clareador mais adequado deve levar em conta o tipo de pele, a gravidade da condição a ser tratada e eventuais contraindicações ou efeitos adversos. Além disso, é recomendável consultar um dermatologista antes de iniciar qualquer tratamento clareador, sobretudo em casos de hiperpigmentação persistente ou de difícil controle.

5.3 Ativos para pele oleosa e acneica

A pele oleosa e acneica é um desafio comum na cosmetologia que afeta muitas pessoas em todo o mundo. A oleosidade excessiva da pele pode levar a uma série de problemas, incluindo poros obstruídos, cravos, espinhas e inflamações cutâneas. Compreender as causas subjacentes é essencial para um tratamento eficaz.

Um dos principais desafios associados à pele oleosa é a produção excessiva de sebo pelas glândulas sebáceas da pele. Quando essas glândulas produzem sebo em excesso, ele pode entupir os poros, criando um ambiente propício para o desenvolvimento de acne. O sebo em excesso também pode dar à pele um aspecto brilhante e gorduroso.

Várias causas subjacentes podem contribuir para a pele oleosa e acneica. Desequilíbrios hormonais têm grande influência, especialmente durante a adolescência e em momentos de mudanças hormonais, como a gravidez. A inflamação é igualmente um fator importante, uma vez que a acne é uma condição inflamatória da pele. Ademais, o microbioma da pele, que é a comunidade de microrganismos que vive na pele, pode influenciar a saúde da pele e a formação de acne.

5.3.1 Ingredientes reguladores da oleosidade

A regulação da oleosidade é uma parte essencial do tratamento da pele oleosa e acneica.

- **Ácido salicílico**: esse é um dos ingredientes mais conhecidos para o tratamento da acne. Ele é um beta-hidroxiácido (BHA) que penetra nos poros e ajuda a desobstruí-los, reduzindo assim o risco de formação de cravos e espinhas. O ácido salicílico também tem propriedades anti-inflamatórias, o que o torna eficaz no tratamento da acne inflamatória.
- **Niacinamida**: a niacinamida, uma forma da vitamina B3, é conhecida por sua capacidade de regular a produção de sebo. Ela também ajuda a fortalecer a barreira protetora da pele, tornando-a mais resistente a fatores irritantes. Ainda, a niacinamida apresenta propriedades anti-inflamatórias e ajuda a reduzir a vermelhidão associada à acne.
- **Enxofre**: esse é outro ingrediente eficaz no tratamento da pele oleosa e acneica. Esse elemento ajuda a reduzir a produção de sebo e tem propriedades antibacterianas que podem combater os microrganismos responsáveis pela acne. Essa substância também tem propriedades esfoliantes suaves, o que pode ajudar a manter os poros desobstruídos.

5.3.2 Agentes anti-inflamatórios e calmantes

- **Extrato de camomila**: essa substância é conhecida por suas propriedades anti-inflamatórias e calmantes. O extrato de camomila é frequentemente utilizado para acalmar a pele irritada e reduzir a vermelhidão. É uma opção suave para aliviar a sensação de queimação e desconforto que pode acompanhar a acne.
- **Alantoína**: esse é um ingrediente conhecido por sua capacidade de promover a regeneração da pele e reduzir a irritação. Ela ajuda a acalmar a pele sensível, promovendo a cicatrização de áreas afetadas pela acne.
- *Aloe vera*: esse componente é amplamente reconhecido por suas propriedades calmantes e hidratantes. Ele não apenas reduz a vermelhidão, mas também ajuda a manter a pele bem hidratada, o que é importante, pois muitos produtos para o tratamento da acne podem ressecar a pele.

5.4 Diferenças entre a pele do corpo e a pele facial

A pele do corpo e a pele facial são distintas em muitos aspectos, incluindo espessura, textura e problemas comuns. Compreender essas diferenças é fundamental para atender às necessidades específicas de cada área e garantir uma abordagem eficaz nos cuidados com a pele.

Uma das diferenças mais notáveis é a espessura da pele. A pele facial é significativamente mais fina do que a pele do corpo. Essa finura deixa a pele facial mais sensível e suscetível a danos causados pela exposição ao ambiente, tornando o uso de produtos suaves e protetores uma prioridade. Por outro lado, a pele do corpo é mais espessa e resistente, exigindo cuidados específicos para combater problemas como a secura e a aspereza.

A textura da pele também difere entre o rosto e o corpo. A pele facial é mais delicada e propensa a problemas como rugas, linhas finas e manchas de hiperpigmentação. A pele corporal, por sua vez, pode ser afetada por questões como estrias, celulite e aspereza. Essas diferenças de textura requerem produtos e abordagens específicas para tratar cada área com eficácia.

Os problemas comuns enfrentados pela pele facial frequentemente incluem envelhecimento precoce, acne, manchas de hiperpigmentação e sensibilidade. Para tratar essas questões, produtos faciais geralmente contêm ingredientes ativos como retinol, ácido hialurônico e antioxidantes, como já mostramos aqui. Já a pele do corpo tende a apresentar desafios como estrias, celulite, pele seca e falta de firmeza. Produtos corporais podem contar com ingredientes como ácido salicílico, ácido glicólico e ingredientes específicos para a hidratação profunda.

As necessidades da pele corporal incluem hidratação profunda, renovação celular e abordagem de problemas específicos, como estrias e celulite. A hidratação é essencial para manter a pele suave e saudável, especialmente em áreas propensas ao ressecamento, como cotovelos e joelhos. A renovação celular ajuda a eliminar células mortas da pele e a manter a textura suave.

Para combater problemas como estrias, que podem ocorrer pelo estiramento da pele, produtos contendo ingredientes como óleo de rosa-mosqueta e centelha-asiática são benéficos. Para tratar a celulite, ingredientes como cafeína, retinol e escina podem ser eficazes na melhoria da textura da pele.

A importância de produtos específicos para atender às necessidades da pele corporal não pode ser subestimada. Os produtos desenvolvidos para o rosto nem sempre são apropriados para o corpo em virtude das diferenças na espessura da pele e nas questões específicas. Portanto, investir em produtos que atendam às necessidades da pele corporal é essencial para garantir resultados eficazes.

5.4.1 Ingredientes ativos hidratantes e emolientes para a pele corporal

Os ingredientes ativos fornecem hidratação profunda e emoliência para manter a pele suave e saudável. Muitos desses produtos, como a manteiga de *karité*, o óleo de coco e o ácido hialurônico, são reconhecidos por suas propriedades excepcionais de retenção de umidade e suavização da pele áspera.

- **Manteiga de *karité***: esse ingrediente é amplamente utilizado em produtos de cuidados com a pele corporal por suas propriedades emolientes. Ela é rica em ácidos graxos e antioxidantes, o que a torna eficaz na retenção de umidade e na proteção da barreira cutânea. A manteiga de *karité* é especialmente benéfica para peles secas e ásperas, proporcionando uma hidratação profunda e duradoura.

- **Óleo de coco**: esse óleo é conhecido por suas propriedades hidratantes e suavizantes. É composto principalmente de ácidos graxos, que ajudam a reforçar a barreira cutânea e prevenir a perda de umidade. Além disso, o óleo de coco tem a capacidade de penetrar profundamente na pele, proporcionando uma hidratação intensa. É particularmente eficaz em áreas ásperas, como cotovelos e calcanhares.
- **Ácido hialurônico**: o ácido hialurônico é um ativo que existe naturalmente na pele, mas sua produção diminui com o envelhecimento. Ele é conhecido por sua capacidade de reter umidade, o que o torna essencial para a hidratação da pele corporal. Esse ácido é capaz de atrair e reter uma quantidade significativa de água, mantendo a pele hidratada e com uma aparência mais jovem. Sua textura leve e não gordurosa o torna ideal para produtos corporais.
- **Aplicação em loções e cremes corporais**: esses ingredientes ativos hidratantes e emolientes são frequentemente incorporados em loções e cremes corporais. A aplicação regular desses produtos após o banho ou sempre que necessário ajuda a manter a pele suave e bem hidratada. A consistência na aplicação é essencial para obter resultados eficazes, sobretudo em áreas propensas a ressecamento, como pernas, braços e mãos.

5.4.2 Ingredientes ativos para a redução de estrias e cicatrizes

A redução de estrias e cicatrizes é outra área importante dos cuidados com a pele corporal. Para a promoção da renovação celular e a melhoria da textura da pele, são usados ingredientes ativos, como extrato de cebola, vitamina E e alfa-hidroxiácidos (AHAs). A seguir, apresentaremos alguns detalhes sobre essas substâncias.

- **Extrato de cebola**: é conhecido por agir na redução de cicatrizes e estrias. Ele contém compostos que auxiliam na quebra do tecido cicatricial e na regeneração celular, melhorando a aparência da pele. A aplicação regular de produtos contendo extrato de cebola pode ajudar a suavizar cicatrizes e reduzir a visibilidade de estrias.

- **Vitamina E**: é um antioxidante poderoso que ajuda a melhorar a textura da pele e a desvanecer cicatrizes e estrias. Ela promove a reparação celular e auxilia na regeneração da pele danificada. A aplicação tópica de produtos ricos em vitamina E é benéfica para a redução da aparência dessas imperfeições na pele.

- **Alfa-hidroxiácidos (AHAs)**: esses ácidos, como o ácido glicólico e o ácido láctico, são esfoliantes suaves que promovem a renovação celular. Eles ajudam a remover camadas de células mortas da pele, suavizando cicatrizes e estrias ao longo do tempo. A aplicação consistente de produtos com AHAs pode melhorar significativamente a textura da pele.

5.5 Ativos anticelulite e firmadores

A celulite é uma preocupação comum entre muitas pessoas, e a busca por produtos eficazes que possam ajudar a reduzi-la e promover a firmeza da pele é constante. Nesse contexto, a cafeína, o retinol e o extrato de algas marinhas são ingredientes ativos amplamente utilizados e estudados em razão de suas propriedades benéficas. Vamos explorar esses ativos com base nas evidências científicas disponíveis.

A **cafeína** é conhecida por seus efeitos na melhoria da circulação sanguínea e na redução de edemas, o que a torna um ingrediente valioso em produtos anticelulite. Ela age estimulando a degradação de gorduras e a liberação de ácidos graxos, contribuindo para a quebra de células de gordura subjacentes que causam a celulite. Ademais, a cafeína tem propriedades antioxidantes, que podem ajudar a proteger as células da pele contra o estresse oxidativo.

O **retinol**, uma forma de vitamina A, é um poderoso ativo na promoção da firmeza da pele e na melhoria da textura. Ele atua estimulando a produção de colágeno, uma proteína fundamental para a elasticidade e a firmeza da pele. Ele também auxilia na renovação celular, promovendo a eliminação de células mortas da pele, o que melhora a aparência da pele com celulite. É importante notar que a aplicação regular de produtos com retinol requer paciência, uma vez que os resultados podem demorar de semanas a meses para se tornarem visíveis.

O **extrato de algas marinhas**, por sua vez, é rico em minerais e antioxidantes que ajudam a nutrir a pele e melhorar sua firmeza.

Estudos mostraram que esses ativos podem contribuir para o estímulo da produção de colágeno e elastina, que são essenciais para manter a pele firme e elástica. Além disso, as algas marinhas contêm propriedades anti-inflamatórias que podem reduzir o inchaço, o que pode estar associado à celulite.

Esses ingredientes ativos são frequentemente encontrados em géis e cremes anticelulite. A aplicação regular desses produtos é fundamental para a obtenção de resultados visíveis. A massagem durante a aplicação também pode ajudar a melhorar a absorção dos ingredientes ativos e a estimulação da circulação sanguínea na área afetada.

Entretanto, é importante destacar que os resultados podem variar de pessoa para pessoa, e os produtos anticelulite geralmente são mais eficazes quando combinados com uma dieta saudável, exercícios físicos regulares e a manutenção de um peso corporal saudável. Cabe ressaltar que consulta a um profissional de saúde ou dermatologista antes de iniciar qualquer tratamento anticelulite é essencial, especialmente em casos de condições médicas preexistentes ou gravidez (Krupek, 2012).

5.6 Processo de envelhecimento da pele

O envelhecimento intrínseco, também conhecido como *envelhecimento cronológico*, está intimamente ligado a fatores genéticos e ao passar do tempo. À medida que envelhecemos, ocorrem alterações biológicas naturais em nossa pele.

Com o envelhecimento, a produção de colágeno e elastina na pele diminui, resultando na perda de firmeza e elasticidade. A capacidade de renovação celular da pele igualmente diminui, resultando em uma pele mais áspera e opaca, e a capacidade da pele de reter a umidade é reduzida, tornando-a mais suscetível à secura. Mudanças na pigmentação da pele, como o surgimento de manchas senis, tornam-se mais evidentes.

Além dos fatores intrínsecos, fatores ambientais também colaboram para o envelhecimento da pele.

A exposição crônica ao sol sem proteção adequada é uma das principais causas de envelhecimento prematuro. A radiação UV danifica o DNA celular, leva à quebra de colágeno e elastina e contribui para o surgimento de rugas e manchas escuras. A exposição à poluição do ar, incluindo partículas finas e poluentes atmosféricos, pode aumentar o estresse oxidativo na pele, acelerando o processo de envelhecimento. O tabagismo está associado ao envelhecimento da pele em virtude da redução do fluxo sanguíneo, da diminuição do oxigênio e da formação de radicais livres (Silva, 2021).

5.6.1 Características do envelhecimento da pele

As características do envelhecimento da pele podem ser variadas, podendo-se destacar:

- **Rugas e linhas de expressão**: as rugas são dobras e sulcos que se formam à medida que a pele perde colágeno e elastina.
- **Perda de firmeza e elasticidade**: a pele perde sua firmeza e elasticidade, tornando-se mais flácida.

- **Descoloração da pele:** a pigmentação irregular, como manchas senis, sardas e descoloração, torna-se mais proeminente.
- **Textura irregular:** a textura da pele pode se tornar áspera e menos suave em razão da diminuição da renovação celular.

Para tratar as preocupações associadas ao envelhecimento da pele, utilizam-se produtos rejuvenescedores. Eles podem conter ingredientes ativos como retinol, ácido hialurônico, antioxidantes e peptídeos (abordados anteriormente), que auxiliam na renovação celular, estimulam a produção de colágeno e protegem a pele contra danos. A seleção de produtos deve ser baseada nas necessidades individuais da pele e nas preocupações específicas de envelhecimento.

5.7 Ingredientes ativos na redução de rugas e na melhoria da elasticidade e da firmeza da pele

A redução de rugas, a melhoria da elasticidade e a promoção da firmeza da pele são objetivos importantes no cuidado da pele e são alcançados por meio da utilização de ingredientes ativos com propriedades específicas. A seguir, apresentamos ingredientes essenciais e suas funções no rejuvenescimento da pele, destacando sua aplicação em cremes e séruns rejuvenescedores.

- **Retinol**: esse ingrediente, uma forma da vitamina A, é um dos mais estudados e eficazes na redução de rugas e no estímulo da produção de colágeno. Ele atua promovendo a renovação celular, afinando a camada córnea da pele e diminuindo a aparência de rugas e linhas de expressão. O retinol também ajuda a melhorar a textura da pele e a uniformizar a pigmentação.
- **Ácido hialurônico**: o ácido hialurônico é uma substância naturalmente presente na pele que atua na hidratação. Sua capacidade de reter água é significativa, proporcionando hidratação intensa e preenchendo as rugas de dentro para fora. Ao manter a pele bem hidratada, o ácido hialurônico contribui para a melhoria da elasticidade e da firmeza.
- **Peptídeos**: os peptídeos são fragmentos de proteínas que desempenham um papel fundamental na sinalização celular. Peptídeos específicos, como o Matrixyl, são conhecidos por estimular a produção de colágeno e elastina na pele. Eles ajudam a fortalecer a estrutura da pele, reduzindo rugas e linhas de expressão.
- **Colágeno**: o colágeno é a principal proteína estrutural da pele, responsável por sua firmeza e elasticidade. Produtos que contêm colágeno ajudam a restaurar a estrutura da pele, promovendo a firmeza e a resistência. Vale destacar que o colágeno aplicado topicamente tem um efeito hidratante, embora sua capacidade de penetrar profundamente na pele seja limitada.
- **Ácido polilático**: o ácido polilático é um bioestimulador que induz a produção de colágeno pela pele. É especialmente útil no tratamento de flacidez e perda de elasticidade, proporcionando

um efeito de *lifting* natural ao longo do tempo. Sua ação é gradual, mas resulta em melhorias notáveis na firmeza da pele.

- **Extrato de algas marinhas**: os extratos de algas marinhas, ricos em minerais e antioxidantes, têm propriedades benéficas para a pele. Eles ajudam a proteger a pele contra o estresse oxidativo, estimulam a produção de colágeno e melhoram a textura. Isso contribui para uma pele mais firme e elástica.

A aplicação de ingredientes ativos em cremes e séruns rejuvenescedores é fundamental para atingir esses objetivos. A escolha dos produtos deve ser baseada nas necessidades individuais da pele, levando em consideração fatores como o tipo de pele e as preocupações específicas com o envelhecimento.

A manutenção da elasticidade da pele é crucial para prevenir a flacidez e promover uma aparência jovem e saudável. A utilização regular de produtos contendo ingredientes ativos com propriedades de rejuvenescimento pode ajudar a alcançar os resultados desejados. É importante lembrar ainda que o uso consistente é essencial para obter benefícios duradouros (Saha; Rai, 2021).

Síntese

Ingredientes ativos são fundamentais nos cuidados com a pele corporal. A manteiga de *karité*, o óleo de coco e o ácido hialurônico oferecem hidratação profunda e emoliência, mantendo a pele suave e macia. Por outro lado, o extrato de cebola, a vitamina E e os alfa-hidroxiácidos auxiliam na redução de estrias e cicatrizes, melhorando a textura da pele. A consistência na aplicação desses ingredientes é essencial para obter resultados visíveis e duradouros.

A cafeína, o retinol e o extrato de algas marinhas são ativos promissores na luta contra a celulite e na promoção da firmeza da pele. Seus efeitos na circulação sanguínea, na produção de colágeno e na redução de inchaço fazem deles escolhas populares em produtos anticelulite. No entanto, a consistência na aplicação e a adoção de um estilo de vida saudável são essenciais para obter resultados visíveis e duradouros.

O envelhecimento da pele é um processo complexo, influenciado por fatores intrínsecos e extrínsecos. Suas características principais são rugas, perda de firmeza e descoloração. Produtos rejuvenescedores, quando usados de forma adequada e consistente, podem auxiliar na melhoria da saúde e da aparência da pele envelhecida. A prevenção do envelhecimento prematuro por meio de proteção solar e cuidados adequados é fundamental para manter a pele saudável ao longo da vida.

Os ativos rejuvenescedores representam uma ferramenta valiosa no combate aos sinais do envelhecimento cutâneo, proporcionando benefícios significativos para a saúde e a beleza da pele. Porém, é importante considerar não apenas a eficácia desses ativos, mas também sua segurança de uso a longo prazo. A escolha do ativo rejuvenescedor mais apropriado deve levar em conta o tipo de pele, a gravidade dos sinais de envelhecimento e eventuais contraindicações ou efeitos adversos. Recomenda-se consultar um dermatologista para receber orientação personalizada e acompanhamento adequado durante o tratamento rejuvenescedor.

Para saber mais

GALEMBECK, F.; CSORDAS, Y. **Cosméticos**: a química da beleza. Coordenação Central de Educação a Distância, 2011. Disponível em <https://fisiosale.com.br/assets/9no%C3%A7%C3%B5es-de-cosmetologia-2210.pdf>. Acesso em: 27 jul. 2024.

Atividades de autoavaliação

1. Assinale a afirmativa correta sobre o ácido hialurônico:
   a) É produzido naturalmente pelo corpo humano apenas durante a juventude.
   b) É usado principalmente para promover o clareamento da pele e o tratamento de manchas escuras.
   c) É frequentemente utilizado em procedimentos estéticos para preencher rugas e linhas de expressão.
   d) Trata-se de um antibiótico comum usado no tratamento de infecções de pele.

2. Qual é o efeito da cafeína na pele em relação à circulação sanguínea e aos vasos sanguíneos?
   a) Atua como um vasodilatador na pele, aumentando o fluxo sanguíneo e o diâmetro dos vasos sanguíneos.
   b) É um agente anti-inflamatório que reduz a inflamação na pele.
   c) Funciona como um vasoconstritor na pele, reduzindo o diâmetro dos vasos sanguíneos cutâneos.
   d) Não tem efeito sobre a circulação sanguínea e os vasos sanguíneos na pele.

3. Qual é uma das principais aplicações do ácido salicílico?
   a) Agente clareador da pele.
   b) Antibiograma no tratamento de infecções bacterianas.
   c) Tratamento de verrugas, acne e outras condições de pele.
   d) Agente anticoagulante usado em procedimentos cirúrgicos.

4. Descreva sucintamente as principais diferenças entre a pele do corpo e a pele facial em termos de características e cuidados.

5. Descreva sucintamente as principais características e benefícios da manteiga de *karité* para a pele e o cabelo.

Atividades de aprendizagem

Questões para reflexão

1. Você já leu os rótulos dos produtos de cuidados com a pele que usa? Quais ativos cosméticos eles contêm e como esses ativos atendem às necessidades específicas de sua pele?

2. Quais mudanças você poderia fazer na escolha de seus produtos de cuidados dermatológicos para melhor atender às necessidades específicas de sua pele? Que ativos você acha que seriam mais benéficos para você?

Atividade aplicada: prática

1. Análise comparativa de produtos comerciais

   Objetivo:

   Comparar a eficácia e a formulação de produtos comerciais.

   Procedimento:

   Selecione uma variedade de produtos comerciais contendo os ativos abordados (ácido hialurônico, retinol, vitamina C, AHAs). Divida os grupos e peça que analisem cada produto, considerando os seguintes aspectos:

   - Ingredientes ativos e suas concentrações.
   - Propriedades e benefícios alegados pelo fabricante.
   - Resultados observados após o uso (se houver acesso a dados de testes ou *reviews* de usuários).

   Cada grupo deve preparar uma apresentação comparativa, destacando as diferenças entre os produtos e a eficácia esperada baseada nos conhecimentos teóricos.

Capítulo 6

Principais características dos cosméticos

Neste último capítulo, trataremos especificamente de alguns dos cosméticos mais utilizados, definindo sua finalidade no cuidado e na melhoria da aparência da pele e dos cabelos. Além disso, explicaremos a importância desses produtos na rotina de beleza e autocuidado, abordaremos diversos tipos de produtos de maquiagem e mostraremos como esses itens são usados para melhorar a aparência e a expressão facial. Ainda, descreveremos diferentes categorias de produtos para cuidados com a pele, como cremes hidratantes, protetores solares, limpadores faciais e séruns, bem como de produtos capilares, como xampus, condicionadores, para tratamentos capilares e modeladores, e detalharemos as características das fragrâncias, incluindo perfumes, colônias e loções pós-barba.

6.1 Importância da hidratação e do alívio da pele

A saúde da barreira cutânea desempenha um papel fundamental na manutenção de uma pele bonita e saudável (Ribeiro, 2010).

6.1.1 Hidratação e barreira cutânea

A barreira cutânea, composta principalmente pela camada córnea da epiderme, atua como um escudo protetor da pele. Ela é fundamental na prevenção da perda de água transepidérmica (TEWL), que ocorre quando a água é perdida da pele para o ambiente. A perda excessiva de água pode resultar em ressecamento, descamação e sensibilidade da pele. Portanto, a hidratação adequada é essencial para manter a função de barreira da pele e prevenir a TEWL.

6.1.2 Acalmar a pele irritada e sensível

A irritação da pele e a sensibilidade são problemas comuns que podem ser causados por diversos fatores, como condições climáticas adversas, produtos inadequados, exposição a agentes irritantes ou reações alérgicas. Reduzir a inflamação e o desconforto da pele sensível é de extrema importância para garantir o bem-estar do indivíduo e manter a integridade da barreira cutânea.

6.1.3 Relação entre hidratação e alívio da pele

Hidratar a pele não se limita apenas a prevenir a TEWL. A hidratação adequada também promove o alívio da pele. Quando esta está hidratada, sua função de barreira é otimizada, o que, por sua vez, reduz a irritação e a inflamação. Além disso, a hidratação ajuda a manter a flexibilidade e a elasticidade da pele, evitando a sensação de repuxamento e desconforto.

A escolha de produtos de cuidados com a pele que contenham ingredientes hidratantes e calmantes serve para promover a hidratação e o alívio da pele. Ingredientes como o ácido hialurônico, a *Aloe vera*, o bisabolol e os óleos vegetais são frequentemente encontrados em produtos desenvolvidos para esses fins.

A hidratação e o alívio da pele são os pilares na manutenção de uma pele saudável e radiante. O entendimento da importância da hidratação para a saúde da barreira cutânea e a relação entre hidratação e alívio da pele são elementos-chave para a seleção e a aplicação adequada de produtos de cuidados com a pele. A prática regular desses cuidados pode resultar em uma pele equilibrada, protegida e confortável.

6.1.4 Ingredientes ativos para a hidratação e o alívio da pele

O **ácido hialurônico** é um polissacarídeo natural encontrado na pele cuja função principal é atrair e reter a umidade. Ele tem a notável capacidade de reter até mil vezes seu peso em água, o que o torna um hidratante eficaz. A aplicação de produtos contendo ácido hialurônico, como soros e cremes hidratantes, ajuda a atrair a umidade ambiental para a pele, mantendo-a hidratada e com uma aparência saudável.

A **glicerina**, também conhecida como *glicerol*, é um álcool natural que atrai água para a pele e ajuda a mantê-la hidratada. Ela cria uma barreira na superfície da pele que retém a umidade, prevenindo a evaporação excessiva. A glicerina é um ingrediente comum em loções e cremes hidratantes por sua capacidade de proporcionar hidratação de longa duração.

A **ureia** é um componente natural da pele que atua na retenção de água. Ela é frequentemente usada em produtos de cuidados com a pele para auxiliar na hidratação e na suavização da pele. A ureia também tem propriedades esfoliantes suaves, o que a torna eficaz na remoção de células mortas da pele, melhorando sua textura.

6.1.5 Produtos para pele sensível e inflamada

O **extrato de camomila** é conhecido por suas propriedades calmantes e anti-inflamatórias. A camomila contém compostos que reduzem a vermelhidão e a irritação da pele. Sua aplicação é comum em produtos projetados para aliviar a pele sensível, como loções e cremes.

A **alantoína**, por sua vez, é um composto que promove a cicatrização e a regeneração da pele. Ela tem propriedades anti-inflamatórias e é usada para acalmar a pele irritada e a coceira. Essa substância é frequentemente encontrada em produtos destinados a aliviar a pele após exposição ao sol ou irritações.

Já a **aveia coloidal** é derivada da aveia e tem propriedades suavizantes e anti-inflamatórias. Ela é frequentemente usada em banhos ou produtos de cuidados com a pele, como cremes e loções, para aliviar a coceira e a inflamação na pele sensível.

6.2 Óleos naturais e ingredientes botânicos

Com o crescente interesse por alternativas naturais e sustentáveis, é importante entender como esses ingredientes podem beneficiar a pele de diversas maneiras quais são suas propriedades hidratantes e nutritivas, considerando a relevância dos extratos botânicos na formulação de produtos eficazes. É fundamental também saber como escolher e utilizar esses ingredientes de forma segura e eficaz, promovendo uma rotina de cuidados com a pele que aproveite o melhor da natureza.

6.2.1 Óleo de jojoba

O óleo de jojoba é um ingrediente natural amplamente elogiado por suas propriedades hidratantes. Ele é rico em ácidos graxos essenciais, como ácido linoleico e ácido oleico, que ajudam a fortalecer a barreira da pele e a reter a umidade. Além disso, é conhecido por sua semelhança com o sebo produzido pela pele, o que o torna eficaz na regulação da oleosidade e na prevenção da TEWL. Sua aplicação em bálsamos labiais, óleos corporais e produtos para o rosto proporciona hidratação e suavidade à pele.

6.2.2 Manteiga de *karité*

A manteiga de *karité* é um ingrediente botânico que tem propriedades emolientes excepcionais. Ela é rica em ácidos graxos, como o oleico, o palmítico e o linoleico, que atuam como barreira protetora, mantendo a umidade da pele. Ademais, a manteiga de *karité* contém compostos antioxidantes, como a vitamina E, que ajudam a combater os danos causados pelos radicais livres. Sua aplicação em produtos, como cremes corporais e bálsamos labiais, é eficaz na hidratação e no alívio da pele seca e áspera.

6.2.3 Extrato de calêndula

O extrato de calêndula é conhecido por suas propriedades calmantes e anti-inflamatórias. Ele contém compostos antioxidantes, como carotenoides e flavonoides, que ajudam a reduzir a inflamação e a vermelhidão na pele. A calêndula é frequentemente utilizada em produtos para pele sensível, como máscaras faciais e loções, para aliviar a irritação e o desconforto. Seus benefícios são particularmente apreciados em tratamentos pós-exposição solar e em peles propensas a reações alérgicas.

6.3 Neurocosméticos e seus usos

Os benefícios dos neurocosméticos são notáveis. Esses produtos podem reduzir sinais de envelhecimento prematuro, como rugas e linhas finas, por meio da estimulação do colágeno. Além disso, eles melhoram a luminosidade da pele, proporcionando uma aparência mais saudável e radiante. A capacidade dos adaptógenos de equilibrar a resposta da pele ao estresse é fundamental para a redução da inflamação e da vermelhidão, além de contribuir para uma pele mais calma e confortável.

Os neurocosméticos representam uma nova fronteira na cosmetologia, transcendendo as abordagens tradicionais para aprimorar a beleza da pele. Eles reconhecem que a pele não é apenas uma estrutura física, mas também um órgão sensível às influências emocionais e psicológicas. Afinal, as emoções, o estresse, a insônia ou outros desafios emocionais podem afetar a saúde de nossa pele. A neurocosmética abraça essa interconexão e busca otimizar a saúde da pele, não apenas superficialmente, mas também a partir de dentro, influenciada pelo estado de nossa mente e bem-estar.

Os neurocosméticos representam um avanço notável na cosmetologia, trazendo consigo uma compreensão mais profunda da intrincada relação entre mente e pele. A palavra *neurocosmético* é derivada da combinação de *neuro* (referente ao sistema nervoso) e *cosmético* (produtos e tratamentos para a pele). Essa nova categoria de produtos para cuidados com a pele não apenas reconhece como também celebra a ligação entre nossas emoções, nosso bem-estar mental e a aparência de nossa pele.

A origem dos neurocosméticos pode ser rastreada até a crescente compreensão da neurociência e da psicodermatologia, um campo que explora as complexas interações entre o sistema nervoso, o sistema endócrino e a pele. Sendo o maior órgão do corpo humano, a pele é altamente sensível a fatores emocionais, estresse e desequilíbrios psicológicos. Quando experimentamos emoções intensas, como estresse, ansiedade ou felicidade, nossa pele muitas vezes responde de maneira visível, seja por meio de acne, vermelhidão, rugas ou outros sinais.

Os neurocosméticos buscam atuar diretamente no sistema nervoso cutâneo, o que inclui as terminações nervosas e os receptores da pele. Esses produtos são formulados com ingredientes ativos que têm o potencial de modular os sinais neurais e influenciar a comunicação entre a pele e o sistema nervoso. Ao fazerem isso, eles visam não apenas melhorar a saúde da pele, mas também abordar as questões subjacentes que podem afetar nossa pele, como o estresse crônico.

O que torna os neurocosméticos verdadeiramente inovadores é que eles vão além dos ingredientes tradicionais usados na cosmetologia. Em vez de se concentrarem exclusivamente na superfície da pele, eles buscam criar uma simbiose entre o corpo, a mente e a epiderme. Essa abordagem holística visa à otimização do bem-estar geral e, por consequência, à promoção de uma pele mais saudável e vibrante (Pereira; Canei; Machado, 2023).

6.3.1 A conexão profunda entre o sistema nervoso, o cérebro e a pele

A cosmetologia moderna evoluiu significativamente nas últimas décadas, e um dos campos mais emocionantes e promissores é o estudo da conexão entre o sistema nervoso, o cérebro e a pele, muitas vezes referido como *eixo cérebro-pele*. Essa ligação intrincada tem um impacto profundo na saúde e na aparência da pele, e os neurocosméticos estão se tornando uma ferramenta essencial na busca pelo equilíbrio e pelo rejuvenescimento da pele.

O eixo cérebro-pele é uma rede complexa de comunicação que envolve o sistema nervoso central (cérebro e medula espinhal), o sistema nervoso periférico (nervos que se estendem por todo o corpo) e a pele. Essa comunicação ocorre por meio de neurotransmissores, hormônios e receptores que se estendem da camada mais profunda da pele até o cérebro. Quando experimentamos emoções, estresse ou ansiedade, nosso cérebro envia sinais que afetam diretamente a pele, resultando em uma série de respostas físicas visíveis.

Um dos principais atores nessa conexão é o estresse. O estresse crônico leva à liberação de hormônios do estresse, como o cortisol, que podem ocasionar uma série de problemas na pele. Isso inclui o aumento da produção de sebo, que pode causar acne, quebra de colágeno, que resulta em rugas, e até mesmo o agravamento de condições de pele existentes, como psoríase ou dermatite. Além disso, o estresse pode afetar o equilíbrio do microbioma da pele, levando a problemas como a inflamação. As emoções também afetam a saúde da pele. O cérebro e o sistema nervoso influenciam a circulação sanguínea, a regulação da temperatura e a resposta imunológica da pele. Emocionalmente, a tristeza, o medo ou a alegria podem afetar a cor e a textura da pele, tornando-a pálida, vermelha ou brilhante, respectivamente.

Os hormônios igualmente têm um impacto significativo na saúde da pele. Flutuações hormonais, como aquelas experimentadas durante o ciclo menstrual, a gravidez ou a menopausa, podem causar alterações na produção de sebo, na hidratação da pele e até mesmo na pigmentação. A acne hormonal é um exemplo comum de como os hormônios podem afetar diretamente a pele.

Aqui é onde os neurocosméticos entram em jogo. Eles são formulados com ingredientes ativos projetados para modular a resposta do sistema nervoso e reduzir o impacto do estresse, das emoções e dos hormônios na pele. Esses produtos visam equilibrar a comunicação entre o cérebro e a pele, ajudando a reduzir a inflamação, a normalizar a produção de sebo e a promover a homeostase da pele.

Os ingredientes ativos em neurocosméticos têm o poder de estimular respostas neurológicas na pele. Os peptídeos, como mencionado anteriormente, podem influenciar a produção de colágeno, estimulando processos de regeneração e reparo. Os adaptógenos ajudam a atenuar os efeitos negativos do estresse, reduzindo a inflamação e a vermelhidão na pele. A neurocosmética digital fornece informações precisas sobre o estado da pele, permitindo uma abordagem personalizada para o cuidado da pele.

6.3.2 Aplicações dos neurocosméticos

Os neurocosméticos têm uma ampla gama de aplicações. Eles podem ser usados para reduzir os efeitos do estresse na pele, minimizando a inflamação e a irritação. Ademais, os adaptógenos presentes nesses produtos ajudam a fortalecer a barreira cutânea, tornando a pele mais resistente a agressores ambientais.

Promover a saúde emocional também é uma aplicação intrigante dos neurocosméticos. Pesquisas recentes demonstram que a pele e o cérebro compartilham vias de comunicação, e os neurocosméticos podem contribuir para uma sensação geral de bem-estar emocional.

6.4 Cosméticos de cuidados com a pele

Os cosméticos de cuidados com a pele são produtos amplamente utilizados na manutenção da saúde e da aparência da pele, como já mencionamos diversas vezes, e são fundamentais em nossa rotina de cuidados diários, fornecendo uma variedade de benefícios que atendem a necessidades específicas da pele. A seguir, apresentamos as funções primárias desses produtos, bem como exemplos de ingredientes comumente usados em loções, cremes e tônicos.

- **Hidratação**: a hidratação é uma das funções principais dos cosméticos de cuidados com a pele. Esses produtos contêm ingredientes como ácido hialurônico, glicerina e ureia, que auxiliam na retenção de água na pele, mantendo-a hidratada e prevenindo a TEWL.
- **Limpeza**: os cosméticos de limpeza, como sabonetes, loções e águas micelares, têm a função de remover impurezas, óleo e maquiagem da pele. Ingredientes como surfactantes suaves e emolientes desempenham um papel vital nesse processo.
- **Proteção solar**: os protetores solares oferecem proteção contra os danos causados pelos raios UV. Ingredientes como dióxido de titânio, óxido de zinco e filtros químicos absorvedores de UV ajudam a prevenir o fotoenvelhecimento e o risco de câncer de pele.
- **Tratamento de problemas de pele**: muitos cosméticos são formulados para abordar problemas específicos da pele, como acne, hiperpigmentação e envelhecimento. Ingredientes ativos como ácido salicílico, ácido glicólico, retinol, vitamina C e niacinamida têm a capacidade de tratar essas condições.

6.5 Cosméticos para cuidados capilares: funções e ingredientes

Os cosméticos para cuidados capilares são uma parte essencial da rotina de beleza de muitas pessoas, proporcionando uma ampla gama de benefícios para a saúde e a aparência dos cabelos. A seguir, descrevemos as principais funções desses produtos e destacamos alguns ingredientes geralmente usados em xampus, condicionadores e máscaras capilares (Goulart, 2010).

- **Limpeza**: os xampus são projetados para limpar o cabelo, removendo acúmulos de óleo, sujeira e produtos capilares. Os surfactantes suaves são frequentemente utilizados para proporcionar limpeza eficaz sem danificar o cabelo.
- **Hidratação**: condicionadores e máscaras capilares são formulados para hidratar os cabelos, aumentando a retenção de umidade. Ingredientes como glicerina, pantenol e óleos vegetais atuam na hidratação dos fios.
- **Fortalecimento**: produtos de cuidados capilares frequentemente contêm ingredientes que ajudam a fortalecer os fios, prevenindo a quebra e a perda de cabelo. Proteína de trigo, queratina e aminoácidos são exemplos de ingredientes que reforçam a estrutura do cabelo.

- **Tratamento de problemas capilares**: além dos produtos básicos de limpeza e condicionamento, existem tratamentos específicos para problemas capilares, como caspa, queda de cabelo e cabelos danificados. Ingredientes ativos como piritionato de zinco, minoxidil e proteínas reparadoras são usados para abordar essas preocupações.

6.6 Maquiagem e cosméticos decorativos

A maquiagem e os cosméticos decorativos têm grande importância na indústria de beleza e uma longa história de uso. A seguir, apresentamos as finalidades desses produtos.

- **Base**: é utilizada com a intenção de criar uma tela uniforme na pele, ocultando imperfeições e proporcionando um tom de pele uniforme. Pode ser encontrada nas formas líquida, em pó e em creme, por exemplo.
- **Batom**: esse produto é usado para colorir e destacar os lábios, adicionando cor e textura. Vem em uma ampla variedade de tons e acabamentos, incluindo mate, cremoso e brilhante.
- **Sombra**: é aplicada nas pálpebras para adicionar profundidade e cor aos olhos. Também é usada para criar efeitos esfumados e realçar a expressão.
- **Delineador**: é utilizado para definir os olhos, realçando o contorno e a forma das pálpebras. Pode ser aplicado na linha d'água e nas pálpebras superior ou inferior.

Vejamos alguns exemplos de ingredientes usados nesses produtos:

- **Mica e talco**: ingredientes frequentemente encontrados em bases e pós de maquiagem. Eles proporcionam uma textura suave e um acabamento mate à pele.
- **Óxidos de ferro e dióxido de titânio**: pigmentos usados para colorir produtos de maquiagem. Eles podem criar uma ampla variedade de tons, desde cores suaves até tons intensos.
- **Ceras** (como cera de abelha e cera de carnaúba): ingrediente comum em batons e delineadores. As ceras proporcionam consistência e ajudam a manter a forma do produto.
- **Óleos** (como óleo de jojoba e óleo de rícino): utilizados para hidratar e proporcionar deslizamento nos produtos de maquiagem.
- **Silicones**: usados em muitos produtos de maquiagem, incluindo *primers* e bases, para criar uma textura suave e preencher linhas finas.
- **Pigmentos sintéticos**: responsáveis pela variedade de cores encontradas em sombras, delineadores e esmaltes. Esses pigmentos são frequentemente testados para garantir sua segurança.
- **Vitamina E**: antioxidante comum adicionado a produtos de maquiagem e cuidados com a pele para ajudar a proteger contra danos causados pelos radicais livres.
- **Cera de abelha**: usada em batons, ceras e delineadores para proporcionar consistência e fixação.
- **Dióxido de silício**: adicionado a pós e bases para absorver o excesso de oleosidade e propiciar um acabamento opaco.

Os ingredientes em produtos de maquiagem variam de acordo com a marca e o tipo de produto. Portanto, a escolha dos artigos deve ser baseada nas preferências individuais, no tipo de pele e no *look* desejado. A maquiagem é muito importante na autoexpressão e no realce da beleza natural, proporcionando uma ampla variedade de opções e possibilidades criativas.

6.7 Cosméticos para o corpo e produtos de higiene pessoal

Cosméticos para o corpo e produtos de higiene pessoal são fundamentais na rotina de cuidados pessoais.

- **Sabonetes**: são projetados para limpar a pele, removendo impurezas, sujeira e excesso de óleo. Também podem conter ingredientes hidratantes para minimizar o ressecamento da pele durante a limpeza.
- **Desodorantes**: esses produtos ajudam a combater o odor corporal, inibindo o crescimento das bactérias responsáveis pelo mau cheiro. Além disso, muitos desodorantes oferecem proteção contra a transpiração excessiva.
- **Loções corporais**: as loções são formuladas para hidratar e nutrir a pele do corpo. Elas ajudam a manter a pele macia, suave e hidratada, prevenindo o ressecamento e a descamação.

Vejamos alguns exemplos de ingredientes comumente usados nesses produtos:

- **Lauril sulfato de sódio (SLS) e lauril éter sulfato de sódio (SLES)**: são surfactantes frequentemente encontrados em sabonetes, responsáveis pela formação de espuma e limpeza da pele. No entanto, eles podem ser irritantes para algumas pessoas e, assim, muitos produtos agora contêm alternativas mais suaves.
- **Triclosan e triclocarban**: são agentes antimicrobianos usados em sabonetes antibacterianos e desodorantes para combater bactérias e odores corporais. Porém, seu uso tem sido questionado em razão de preocupações com a resistência bacteriana.
- **Bicarbonato de sódio e amido de milho**: esses ingredientes são frequentemente encontrados em desodorantes para absorver a umidade e ajudar a manter as axilas secas.
- **Glicerina**: é um umectante comum em loções corporais, que atrai e retém a umidade da pele, proporcionando hidratação.
- **Óleos vegetais** (como óleo de jojoba e óleo de coco): são frequentemente adicionados a loções corporais para proporcionar hidratação e nutrição à pele.
- *Aloe vera*: é usada em produtos de cuidados com o corpo por suas propriedades calmantes e hidratantes.
- **Fragrâncias**: para dar ao produto um aroma agradável, são usadas fragrâncias, que podem ser naturais ou sintéticas. Contudo, algumas pessoas podem ser sensíveis a fragrâncias artificiais.
- **Manteiga de *karité***: é usada em loções corporais pela sua riqueza em ácidos graxos e propriedades hidratantes.

É importante observar que a escolha de produtos de higiene pessoal deve levar em consideração o tipo de pele e as preferências individuais. Ingredientes naturais e suaves estão ganhando destaque em razão de preocupações com a segurança e a sustentabilidade.

Portanto, os consumidores têm uma ampla variedade de opções para atender às suas necessidades de higiene pessoal e cuidados com o corpo.

6.8 Perfumes e fragrâncias: o mundo dos aromas

As fragrâncias são parte de nosso cotidiano e oferecem uma experiência sensorial única, que envolve tanto o olfato quanto o paladar. A seguir, veremos as funções das fragrâncias, as diferentes formas de aplicação e os ingredientes comuns encontrados nessas composições aromáticas.

As fragrâncias têm o propósito principal de proporcionar aromas agradáveis que podem evocar emoções, estados de espírito ou memórias. Elas são amplamente utilizadas na indústria de perfumaria, cosméticos, produtos de higiene pessoal, limpeza doméstica e muito mais. Além do aspecto pessoal de sentir-se bem com uma fragrância, as fragrâncias também têm aplicações comerciais, como tornar um produto mais atraente para os consumidores.

6.8.1 Diferentes formas de aplicação das fragrâncias

- **Perfumes**: são fragrâncias altamente concentradas que podem conter uma ampla gama de ingredientes aromáticos. Eles são projetados para serem aplicados diretamente na pele e têm uma fixação duradoura.

- **Colônias**: são fragrâncias menos concentradas do que os perfumes, geralmente contendo um equilíbrio de notas mais leves. Elas são frequentemente usadas como um borrifo refrescante em todo o corpo.
- **Óleos essenciais**: são compostos aromáticos naturais extraídos de plantas. Eles podem ser usados puros ou diluídos em óleos carreadores e são populares em aromaterapia e produtos de beleza.
- *Sprays* **para ambiente**: esses produtos contêm fragrâncias que são projetadas para aromatizar o ambiente, como salas, automóveis ou roupas. Podem ser encontrados em formas líquidas ou em aerossóis.

6.8.2 Ingredientes e notas aromáticas

As fragrâncias consistem em uma combinação de várias notas aromáticas, que podem ser agrupadas em três categorias principais:

1. **Notas de saída (*top notes*)**: são as notas iniciais percebidas quando a fragrância é aplicada. Tendem a ser leves e voláteis, geralmente com aromas cítricos, frutados ou herbais. Alguns exemplos são bergamota, limão, lavanda e notas verdes.
2. **Notas de coração (*heart notes*)**: essas notas surgem após a evaporação das notas de saída e formam o corpo da fragrância. São frequentemente florais, especiarias ou amadeiradas. Podem ser rosa, jasmim, canela e noz-moscada, por exemplo.

3. **Notas de base (*base notes*)**: são as notas mais duradouras e profundas, que emergem conforme a fragrância seca na pele. Geralmente são ricas e intensas, como baunilha, sândalo, *musk* e patchuli.

Os ingredientes usados para criar essas notas aromáticas variam amplamente e podem ser naturais ou sintéticos. Além disso, a combinação de notas e ingredientes é o que confere a cada fragrância sua identidade única e complexa.

No mundo da perfumaria e das fragrâncias, a criação de novas composições é uma verdadeira arte, envolvendo conhecimento de química, sensibilidade olfativa e criatividade. A escolha de uma fragrância pessoal ou de um produto com fragrância é uma questão de preferência individual, e as opções são tão variadas quanto a riqueza do reino dos aromas.

6.9 Nutricosméticos: a ciência da beleza nutricional

Os nutricosméticos, termo derivado da combinação de *nutrição* e *cosméticos*, representam uma classe de produtos inovadores que visam promover a beleza e a saúde da pele, do cabelo e das unhas a partir de dentro.

A origem dos nutricosméticos remonta à crescente conscientização sobre a influência da nutrição na saúde e no bem-estar, incluindo os aspectos estéticos da beleza. Considera-se que a alimentação e a suplementação podem afetar positivamente a aparência da pele, do cabelo e das unhas. Isso representa uma convergência notável entre os campos da nutrição e da cosmetologia. A ciência que sustenta os nutricosméticos é multifacetada. Ela engloba diversas disciplinas, como nutrição, dermatologia, biologia molecular e metabolismo. A pele, o cabelo e as unhas são tecidos altamente dinâmicos que respondem às mudanças nutricionais graças à sua constante renovação celular e sensibilidade a fatores ambientais.

Os nutricosméticos se baseiam na ideia de que nutrientes específicos desempenham papéis vitais na manutenção da saúde da pele, do cabelo e das unhas. Antioxidantes como as vitaminas A, C e E protegem contra danos oxidativos, enquanto minerais como o zinco e o selênio ajudam na produção de colágeno. Os ácidos graxos essenciais, como o ômega-3, contribuem para a hidratação da pele e do cabelo.

Vejamos alguns exemplos de nutrientes-chave em nutricosméticos:

- **Colágeno**: proteína estrutural fundamental que sustenta a elasticidade da pele.
- **Vitaminas**: vitaminas A, C e E e biotina, que são essenciais para a saúde da pele, do cabelo e das unhas.
- **Minerais**: zinco, selênio e silício, que são importantes para a produção de colágeno e queratina.
- **Ácidos graxos**: ômega-3 e ômega-6, que contribuem para a integridade da barreira cutânea.
- **Antioxidantes**: coenzima Q10 e licopeno, que protegem contra danos causados pelos radicais livres.

6.9.1 Aplicações dos nutricosméticos

Os nutricosméticos têm diversas aplicações na promoção da beleza e do bem-estar. Eles são frequentemente usados para proporcionar uma pele saudável, contribuindo para a hidratação, a proteção contra radicais livres e a manutenção do colágeno. Também objetivam manter os cabelos brilhantes, melhorando a estrutura capilar e estimulando o crescimento saudável dos fios, bem como fortalecer as unhas, prevenindo a quebra e a fragilidade.

6.9.2 Problemas de beleza abordados pelos nutricosméticos

Problemas como pele seca, envelhecimento precoce, cabelo fraco, unhas quebradiças e falta de brilho podem ser atenuados ou prevenidos com o uso adequado de nutricosméticos.

Os nutricosméticos podem ser incorporados à rotina de cuidados com a beleza de diversas maneiras: pela ingestão de suplementos em forma de cápsulas ou pós, pela inclusão de alimentos ricos em nutrientes específicos e pela seleção de bebidas enriquecidas, por exemplo. É fundamental manter a consistência no uso desses produtos para obter resultados visíveis.

A escolha adequada de nutricosméticos depende das necessidades individuais e dos objetivos de beleza. Assim, a compreensão dos princípios fundamentais dos nutricosméticos é de grande importância na busca por uma aparência saudável e radiante, que parta de dentro para fora.

6.10 Raios solares, fator de proteção solar e tempo de exposição ao sol

O sol é uma fonte inesgotável de luz e energia, mas essa mesma luz contém raios que podem afetar profundamente a saúde de nossa pele. Para compreender esses riscos e tomar medidas para proteger a pele, é essencial conhecer os diferentes tipos de radiação solar e suas implicações.

Existem vários tipos de radiação emitida pelo sol, mas dois dos mais significativos em relação à nossa pele são os raios UVA (ultravioleta A) e UVB (ultravioleta B).

- **Raios UVA**: os raios UVA, ou raios ultravioleta A, compõem a maior parte da radiação solar que atinge a Terra. Esses raios são constantes durante o ano todo, mesmo em dias nublados, e são conhecidos como *raios envelhecedores* porque penetram profundamente na pele, causando danos crônicos. Eles estão associados ao envelhecimento prematuro da pele, causando rugas, perda de elasticidade e manchas escuras.
- **Raios UVB**: os raios UVB, ou raios ultravioleta B, são mais intensos do que os raios UVA e são mais predominantes durante o verão e nos horários de maior exposição ao sol. Eles são responsáveis por causar queimaduras solares e desempenham um papel central no desenvolvimento de câncer de pele. Os raios UVB têm efeitos mais superficiais na pele, afetando principalmente as camadas superiores da epiderme.

A exposição excessiva a esses raios solares pode ter uma série de efeitos negativos na pele, a saber:

- **Queimaduras solares**: a exposição excessiva aos raios UVB pode causar queimaduras solares, resultando em vermelhidão, dor e descamação da pele.
- **Envelhecimento prematuro**: os raios UVA e UVB podem acelerar o processo de envelhecimento da pele, causando rugas, perda de firmeza e manchas de idade.
- **Aumento do risco de câncer de pele**: a exposição crônica aos raios UVB está diretamente ligada ao desenvolvimento do câncer de pele, incluindo o carcinoma basocelular, o carcinoma de células escamosas e o melanoma.
- **Alterações na pigmentação**: os raios UV podem levar ao desenvolvimento de sardas, manchas escuras (melasma) e descoloração irregular da pele (Rondon, 2005).

6.10.1 Fator de proteção solar (FPS): entendendo e escolhendo a proteção adequada

O fator de proteção solar (FPS) é um elemento crucial a ser considerado quando se trata de produtos usados para salvaguardar a pele dos danos causados pelos raios ultravioleta (UV). Compreender como o FPS funciona e escolher o valor correto de FPS é fundamental para garantir uma proteção eficaz.

Figura 6.1 – Diferentes produtos com FPS

lena_nikolaeva/Shutterstock

O FPS é uma medida que indica a eficácia de um produto de proteção solar em bloquear ou reduzir a penetração dos raios UV na pele. Essa medida é particularmente relevante no caso dos raios UVB, que são responsáveis por causar queimaduras solares e estão fortemente associados ao câncer de pele.

Trata-se de uma representação do tempo que você pode ficar ao sol sem sofrer queimaduras em comparação com o tempo que levaria para queimar sem proteção. Por exemplo, usando um protetor solar com FPS 30, teoricamente você poderia ficar ao sol 30 vezes mais do que o tempo que levaria para queimar sem proteção.

Um FPS mais alto bloqueia ou reduz a penetração dos raios UVB de forma mais eficaz do que um FPS mais baixo. Um FPS 30 bloqueia cerca de 97% dos raios UVB, enquanto um FPS 50 bloqueia cerca de 98%. A diferença entre eles é relativamente pequena. No entanto, é importante observar que nenhum protetor solar bloqueia 100% dos raios UVB.

A escolha do FPS adequado depende de vários fatores, incluindo o tipo de pele, a realização de atividades ao ar livre e a intensidade da exposição solar.

- **Tipo de pele**: pessoas com pele mais clara ou mais sensível geralmente requerem um FPS mais alto, como 30 ou 50. Peles mais escuras ou menos sensíveis podem se beneficiar de FPS 15 a 30.
- **Atividades ao ar livre**: se você está planejando passar muito tempo ao ar livre, especialmente durante o pico do sol, é aconselhável optar por um FPS mais alto para garantir uma proteção eficaz.
- **Localização geográfica e estação do ano**: em áreas com maior exposição solar ou durante o verão, um FPS mais alto é recomendado. Em estações mais amenas ou latitudes mais distantes do equador, um FPS menor pode ser suficiente.
- **Atividades aquáticas ou transpiração**: se você estiver nadando ou praticando exercícios que o façam suar, considere um protetor solar à prova d'água com FPS mais alto.

Em resumo, o FPS é uma medida crucial para proteger a pele dos danos causados pelos raios UVB. Ao entender como esse fator de proteção funciona e ao escolher um valor adequado para o seu tipo de pele e atividades ao ar livre, você pode aproveitar o sol com segurança, prevenindo queimaduras solares e reduzindo o risco de danos à pele no longo prazo.

Síntese

A ciência por trás de óleos naturais e ingredientes botânicos é fascinante e diversificada. Esses ingredientes são essenciais na hidratação e no alívio da pele, proporcionando benefícios notáveis, como a restauração da barreira cutânea, a prevenção da perda de água e a redução da inflamação. Sua aplicação em produtos de cuidados com a pele é uma abordagem eficaz e natural para manter a pele saudável, suave e radiante.

A conexão entre o sistema nervoso, o cérebro e a pele é profunda e complexa. O estresse, as emoções e os hormônios afetam de forma significativa a saúde da pele. Os neurocosméticos representam uma abordagem inovadora na cosmetologia, constituindo-se em uma maneira eficaz de equilibrar essa ligação e promover uma pele mais saudável e resiliente. Se continuarmos a desvendar os segredos dessa conexão, estaremos no caminho certo para uma compreensão mais completa da interação entre mente e pele e para o desenvolvimento de soluções mais avançadas em cuidados com a pele.

Para saber mais

REBELLO, T. **Guia de produtos cosméticos**. São Paulo: Senac, 2017.

Atividades de autoavaliação

1. Qual dos seguintes fatores contribui mais significativamente para a perda de água transepidermal (TEWL)?
   a) Aplicação tópica de produtos hidratantes.
   b) Temperatura ambiente elevada.
   c) Umidade relativa do ar baixa.
   d) Exposição prolongada à luz solar.

2. Qual é a relação entre a hidratação da pele e o alívio de condições cutâneas, como pele seca, coceira e irritação?

3. O termo *neurocosméticos* refere-se a produtos de cuidados com a pele que:
   a) contêm ingredientes naturais e orgânicos.
   b) visam melhorar a saúde e o aspecto da pele por meio da influência nos neurotransmissores e na função neural.
   c) são formulados para uso exclusivo de dermatologistas.
   d) são adequados para peles sensíveis.

4. Explique as principais finalidades dos produtos de maquiagem e a forma como eles podem afetar a aparência e a autoestima das pessoas.

5. O que o fator de proteção solar (FPS) em produtos de proteção solar indica?
   a) A capacidade de bloquear a radiação ultravioleta tipo A (UVA).
   b) A capacidade de bloquear a radiação ultravioleta tipo B (UVB).
   c) A capacidade de bloquear todos os tipos de radiação ultravioleta (UV), incluindo UVA e UVB.
   d) A capacidade de proteger contra a radiação infravermelha (IR).

Atividades de aprendizagem

Questões para reflexão

1. Como você escolhe suas fragrâncias, como perfumes e colônias? Você considera o impacto que essas escolhas têm em sua imagem pessoal e na impressão que deixa nos outros?

2. Ao usar séruns, você presta atenção aos ingredientes ativos e aos benefícios específicos que eles oferecem? Como isso tem afetado a condição de sua pele?

Atividade aplicada: prática

1. Oficina sensorial de fragrâncias

   Objetivo: Explorar e identificar diferentes notas olfativas em fragrâncias, compreender a composição dos perfumes e saber como selecionar uma fragrância pessoal.

   Preparação: Reúna uma variedade de amostras de perfumes que destacam diferentes notas olfativas: cítricas, florais, amadeiradas, orientais etc. Prepare tiras olfativas para cada amostra.

   Introdução teórica:
   - Explique os conceitos de notas de cabeça, coração e base em uma fragrância.
   - Descreva as principais famílias olfativas e suas características.

Sessão de degustação olfativa:

- Distribua as tiras olfativas para os alunos.
- Solicite aos alunos que cheirem as amostras uma de cada vez e anotem suas percepções sobre cada uma.
- Incentive os alunos a descrever as notas que identificam e a categorizar as fragrâncias em famílias olfativas.

Discussão e análise:

- Peça aos alunos que compartilhem suas observações e discutam as diferenças entre as fragrâncias.
- Relacione as notas olfativas identificadas com a teoria apresentada anteriormente.
- Discuta como diferentes notas olfativas podem evocar emoções e memórias específicas.

Criação de uma fragrância pessoal:

- Divida os ouvintes em pequenos grupos.
- Forneça uma seleção de óleos essenciais representando diferentes notas olfativas.
- Instrua os grupos a criar uma fragrância pessoal, combinando óleos essenciais (comerciais) de acordo com as notas de cabeça, coração e base.
- Cada grupo deve documentar o processo de criação e justificar suas escolhas de ingredientes.

Considerações finais

Exploramos a fascinante e dinâmica indústria da cosmetologia, destacando seu panorama atual e as tendências emergentes que moldam o mercado. Abordamos a crescente demanda por ingredientes naturais e orgânicos, a personalização de produtos, a busca por beleza sustentável e a inovação tecnológica, como o movimento *clean beauty* e a impressão 3D de cosméticos.

Também examinamos as mudanças nas preferências dos consumidores, impulsionadas por fatores demográficos, culturais e tecnológicos, além do aumento da preocupação com a sustentabilidade e a responsabilidade social. Discutimos os desafios e oportunidades enfrentados pela indústria, incluindo as regulamentações governamentais, a sustentabilidade ambiental e a concorrência global.

Como mencionamos, a pandemia trouxe impactos significativos para o setor, acelerando a digitalização e a necessidade de personalização dos produtos. Olhando para o futuro, vemos um cenário promissor com a integração de inovações tecnológicas e um mercado cada vez mais globalizado.

Destacamos igualmente que a história e a cultura desempenham um papel crucial na cosmetologia. Desde as práticas de beleza na Antiguidade até a evolução da indústria no Brasil e no mundo, vimos como os cosméticos se entrelaçam com a sociedade, refletindo mudanças sociais e culturais.

A segurança dos produtos cosméticos foi outro ponto analisado, com destaque para os principais testes laboratoriais e a importância da regulamentação para garantir a segurança dos consumidores.

Por fim, enfatizamos a ciência por trás da cosmetologia, considerando desde a bioquímica da pele e dos cabelos até a formulação de produtos eficazes e seguros. A compreensão das características dos ativos cosméticos e a aplicação de conhecimentos científicos são fundamentais para o desenvolvimento de produtos inovadores que atendam às necessidades específicas dos consumidores.

O intuito é que esta obra tenha proporcionado uma visão abrangente e detalhada da cosmetologia, inspirando o leitor a apreciar a complexidade e a beleza dessa ciência, e que seja um alicerce para futuras descobertas e inovações, promovendo uma abordagem consciente e sustentável na busca pela beleza e pelo bem-estar.

Referências

ABIHPEC – Associação Brasileira da Indústria de Higiene Pessoal, Perfumaria e Cosméticos. **A indústria de higiene pessoal, perfumaria e cosméticos**. 2023. Disponível em: <https://abihpec.org.br/site2019/wp-content/uploads/2023/01/Panorama-do-Setor-2023.pdf>. Acesso em: 29 ago. 2024.

ABIHPEC – Associação Brasileira da Indústria de Higiene Pessoal, Perfumaria e Cosméticos. **Estudos revelam mudanças nos hábitos dos consumidores de HPPC durante a pandemia**. 28 set. 2021. Disponível em: <https://abihpec.org.br/release/estudos-revelam-mudancas-nos-habitos-dos-consumidores-de-hppc-durante-a-pandemia>. Acesso em: 29 ago. 2024.

ACÚRCIO, A. R.; RODRIGUES L. M. Os Ritmos da Vida – Uma visão atualizada da Cronobiologia aplicada. **Revista Lusófona de Ciências e Tecnologia de Saúde**, v. 6, n. 2, p. 216-234, 2009. Disponível em: <https://www.saudedireta.com.br/docsupload/13400204441118-3972-1-PB.pdf> Acesso em: 23 de outubro de 2022.

ANVISA – Agência Nacional de Vigilância Sanitária. **Certificados de Boas Práticas**. Disponível em: <https://www.gov.br/anvisa/pt-br/setorregulado/certificados-de-boas-praticas>. Acesso em: 29 de ago. de 2024.

ANVISA – Agência Nacional de Vigilância Sanitária. **Guia para Avaliação de Segurança de Produtos Cosméticos**. 2. ed. Brasília, 2012. Disponível em: <https://www.gov.br/anvisa/pt-br/centraisdeconteudo/publicacoes/cosmeticos/manuais-e-guias/guia-para-avaliacao-de-seguranca-de-produtos-cosmeticos.pdf>. Acesso em: 29 ago. 2024.

BRASIL. Lei n. 6.360, de 23 de setembro de 1976. **Diário Oficial da União**, Poder Legislativo, Brasília, DF, 24 set. 1976. Disponível em: <https://www.planalto.gov.br/ccivil_03/leis/l6360.htm#:~:text=LEI%20No%206.360%2C%20DE%2023%20DE%20SETEMBRO%20DE%201976.&text=Disp%C3%B5e%20sobre%20a%20Vigil%C3%A2ncia%20Sanit%C3%A1ria,Produtos%2C%20e%20d%C3%A1%20outras%20Provid%C3%AAncias.>. Acesso em: 29 ago. 2024.

BRASIL. Ministério da Saúde. Agência Nacional de Vigilância Sanitária. Resolução da Diretoria Colegiada n. 126, de 16 de maio de 2005. **Diário Oficial da União**, Brasília, DF, 17 maio 2005. Disponível em: <https://bvsms.saude.gov.br/bvs/saudelegis/anvisa/2005/rdc0126_16_05_2005.html>. Acesso em: 29 ago. 2024.

BRASIL. Ministério da Saúde. Agência Nacional de Vigilância Sanitária. Resolução da Diretoria Colegiada n. 4, de 30 de janeiro de 2014. **Diário Oficial da União**, Brasília, DF, 31 jan. 2014. Disponível em: <https://bvsms.saude.gov.br/bvs/saudelegis/anvisa/2014/rdc0004_30_01_2014.html#:~:text=Disp%C3%B5e%20sobre%20os%20requisitos%20t%C3%A9cnicos,perfumes%20e%20d%C3%A1%20outras%20provid%C3%AAncias.&text=procedimento%20eletr%C3%B4nico%20para%20regulariza%C3%A7%C3%A3o%20de,perfumes%20nos%20termos%20desta%20Resolu%C3%A7%C3%A3o.>. Acesso em: 29 ago. 2024.

BRASIL. Ministério da Saúde. Agência Nacional de Vigilância Sanitária. Resolução da Diretoria Colegiada n. 350, de 19 de março de 2020. **Diário Oficial da União**, Brasília, DF, 20 mar. 2020. Disponível em: <https://antigo.anvisa.gov.br/documents/10181/5809525/%281%29RDC_350_2020_COMP.pdf/0c67ef6d-7573-4446-a751-3a0483b7896e?version=1.0>. Acesso em: 29 ago. 2024.

BRASIL. Ministério da Saúde. Agência Nacional de Vigilância Sanitária. Resolução da Diretoria Colegiada n. 639, de 24 de março de 2022. **Diário Oficial da União**, Brasília, DF, 30 mar. 2022. Disponível em: <https://antigo.anvisa.gov.br/documents/10181/6413964/RDC_639_2022_.pdf/2e2a0ebb-e59a-4617-8ef3-95633eb84429>. Acesso em: 29 ago. 2024.

BROWN, T. L. **Química**: a ciência central. São Paulo: Pearson, 2004.

CHORILLI, M. et al. Ensaios biológicos para avaliação de segurança de produtos cosméticos. **Revista de Ciências Farmacêuticas Básica e Aplicada**, v. 30, n. 1, p. 19-30, 2009. Disponível em: <https://rcfba.fcfar.unesp.br/index.php/ojs/article/view/451/449>. Acesso em: 29 ago. 2024.

CHORILLI, M. et al. Toxicologia dos cosméticos. **Latin American Journal of Pharmacy**, v. 26, n. 1, p. 144-154, 2007.

COHEN, R. **Limpeza de pele**: do ambiente de trabalho à prática. São Caetano do Sul: Difusão, 2021.

CORNÉLIO, M. L.; ALMEIDA, E. C. C. Decifrando a composição dos cosméticos: riscos e benefícios. Uma visão do consumidor sobre o uso de produtos cosméticos. **Brazilian Journal of Development**, v. 6, n. 5, p. 30563-30575, 2020.

DA SILVA SÁ, V.; RODRIGUES BACHUR, T. P. A relação entre tabagismo e doenças de pele. **RevInter**, v. 13, n. 3, p. 42-51, 2020.

DA SILVA, T. S. O fundamental papel do estrato córneo: um novo olhar dentro da saúde estética. **Revista Científica de Estética e Cosmetologia**, v. 1, n. 1, p. 44-49, 2020.

DE LUCA, C. et al. A atuação da cosmetologia genética sobre os tratamentos antienvelhecimento. **InterfacEHS**, v. 8, n. 2, 2013.

DRAELOS, Z. D. Cosméticos em dermatologia. 2. ed. Rio de Janeiro: Rio Janeiro: Revinter, 1999.

DUBOIS, T. C. **Cosméticos naturais e orgânicos**: definições, legislação no mundo e certificações. 46 f. Trabalho de Conclusão de Curso (Graduação em Farmácia) – Centro de Ciências de Saúde, Universidade Federal de Santa Catarina, Florianópolis, 2019.

FERREIRA, M. S. Regulamentação dos produtos cosméticos: uma perspectiva da evolução em Portugal e na União Europeia. **Acta Farmacêutica Portuguesa**, v. 10, n. 1, p. 4-18, 2021.

FLAVERS. **Pears**. Disponível em: <https://www.flavers.pt/marca/pears/>. Acesso em: 29 ago. 2024.

FURTADO, B. dos A.; SAMPAIO, D. de O. Cosméticos sustentáveis: quais fatores influenciam o consumo destes produtos? **International Journal of Business Marketing**, v. 5, n. 1, p. 36-54, 2020.

GALEMBECK, F.; CSORDAS, Y. **Cosméticos**: a química da beleza. Coordenação Central de Educação a Distância, 2011.

GOULART, T. T. **Análise físico-química de cosméticos capilares da região de Assis**. 50 f. Trabalho de Conclusão de Curso (Graduação) – Instituto Municipal de Ensino Superior de Assis, Assis, 2010.

ISENMANN, A. F. **Princípios químicos em produtos cosméticos e sanitários**: saúde e beleza na sua mão. Porto Alegre: Buqui, 2021.

KRUPEK, T. Mecanismo de ação de compostos utilizados na cosmética para o tratamento da gordura localizada e da celulite. **Saúde e Pesquisa**, v. 5, n. 3, p. 555-566, 2012.

LEITE, K. N. S. et al. Utilização da metodologia ativa no ensino superior da saúde: revisão integrativa. **Arquivos de ciências saúde UNIPAR**, v. 25, n. 2, p. 133-144, 2021.

LEONARDI, G. R. **Cosmetologia aplicada**. São Paulo: Medfarma, 2004.

MANICA, D.; NUCCI, M. Sob a pele: implantes subcutâneos, hormônios e gênero. **Horizontes Antropológicos**, v. 23, n. 47, p. 93-129, 2017.

MARQUES, H. R. et al. Inovação no ensino: uma revisão sistemática das metodologias ativas de ensino-aprendizagem. **Avaliação: Revista da Avaliação da Educação Superior (Campinas)**, v. 26, p. 718-741, 2021.

MARQUES, M. A.; GONZALEZ, R. B. Desvendando os componentes de uma formulação cosmética. In: PEREIRA, M. de F. L. **Cosmetologia**. Rio de Janeiro: Difusão, 2016. p. 65-122.

MASSOQUETTO, K. et al. Impactos da Covid-19 sobre os indicadores econômicos e financeiros das empresas de consumo cíclico listadas na B3. **Cafi**, v. 6, n. 2, p. 164-182, 2023.

MOMENI, F. et al. A Review of 4D Printing, **Materials & Design**, v. 122, p. 42-79, 2017.

NASCIMENTO, J. L.; FEITOSA, R. A. Metodologias ativas, com foco nos processos de ensino e aprendizagem. **Research, Society and Development**, v. 9, n. 9, p. e622997551-e622997551, 2020.

PAPALÉO NETTO, M.; BORGONOVI, N. Biologia e teorias do envelhecimento. In: PAPALÉO NETTO, M. **Gerontologia**: a velhice e o envelhecimento em visão globalizada. Rio de Janeiro: Atheneu, 2002. p. 44-59.

PEYREFITTE, G.; MARTINI, M.-C.; CHIVOT, M. Estética-cosmética: cosmetologia, biologia geral, biologia da pele. In: PEYREFITTE, G.; MARTINI, M.-C.; CHIVOT, M. **Estética-cosmética**: cosmetologia, biologia geral, biologia da pele. São Paulo: Andrei, 1998. p. 507-507.

PEREIRA, L. S.; CANEI, T. C.; MACHADO, K. Benefícios dos neuroscosméticos na estética. **Revista Científica de Estética e Cosmetologia**, v. 3, n. 1, p. E1162023-1-10, 2023.

REBELLO, T. **Guia de produtos cosméticos**. São Paulo: Senac, 2015.

RIBEIRO, C. **Cosmetologia aplicada a dermoestética** 2. ed. São Paulo: Pharmabooks, 2010.

RONDON, A. da S. Efeitos da radiação ultravioleta na pele. **Revista Brasileira de Medicina**, v. 62, n. 4, p. 127-130, 2005.

SAHA, I.; RAI, V. K. Hyaluronic Acid Based Microneedle Array: Recent Applications in Drug Delivery and Cosmetology. **Carbohydrate Polymers**, v. 267, p. 118168, 2021.

SHOKRI, J. Nanocosmetics: Benefits and Risks. **BioImpacts**, v. 7, n. 4, p. 207-208, 2017.

SILVA, A. C. Envelhecimento e ativos cosméticos antienvelhecimento. **Revista Terra & Cultura: Cadernos de Ensino e Pesquisa**, v. 37, n. 72, p. 113-127, 2021.

SILVA, N. C. S. Cosmetologia: origem, evolução e tendências. **ÚNICA Cadernos Acadêmicos**, v. 2, n. 1, 2019.

Respostas

Capítulo 1

Atividades de autoavaliação

1. V, V, F, V, V.
2. Produtos comercializados em uma região com regulamentações menos rigorosas podem conter ingredientes que seriam proibidos em outras.
3. Normal, normal, seca, seca, oleosa, oleosa.
4. Tipo de produto: os produtos são categorizados com base em sua forma – líquidos, cremes, géis, loções, pós etc.

    Finalidade: os produtos são classificados de acordo com sua finalidade principal – produtos de limpeza, hidratantes, antienvelhecimento, maquiagem, protetores solares etc.

    Ingredientes-chave: a presença de ingredientes específicos, como retinol, ácido hialurônico ou antioxidantes, pode determinar a categoria de um produto.

    Grupo etário: alguns produtos são categorizados para atender a grupos etários específicos – produtos para bebês, adultos ou idosos, por exemplo.

5. c

    Explicação: no Egito Antigo, o uso de cosméticos era amplamente praticado e era uma parte importante da cultura egípcia;

homens e mulheres utilizavam maquiagem, como *kohl* nos olhos, e perfumes. Os gregos e os romanos também usavam cosméticos, mas não em tão grande escala quanto os egípcios.

Atividades de aprendizagem

Questões para reflexão

1. Os produtos cosméticos não estão relacionados apenas com a aparência, mas também com a saúde e o bem-estar. A resposta deve considerar como os produtos que o leitor escolhe afetam não só a estética, mas também a saúde geral.

2. Os padrões de beleza são moldados por fatores culturais e midiáticos. A questão leva a refletir sobre como esses padrões influenciam a percepção de beleza e as escolhas relativas a cuidados pessoais.

3. A busca por beleza e bem-estar é um reflexo de nossa autoestima e percepção de nós mesmos. A resposta deve levar em conta como os produtos de beleza e os tratamentos que escolhemos afetam nossa confiança e autoimagem.

Capítulo 2

Atividades de autoavaliação

1. b

   Explicação: o teste de *patch* envolve a aplicação de uma pequena quantidade do produto cosmético na pele de voluntários e a observação da área durante um período determinado para avaliar possíveis reações de irritação cutânea. É uma prática comum na indústria de cosméticos para avaliar a segurança dos produtos em relação à pele.

2. A fototoxicidade e a fotoalergia são ambas reações da pele em resposta à exposição à luz solar ou à radiação ultravioleta (UV), mas diferem em suas causas, mecanismos e sintomas.

A fototoxicidade ocorre quando uma substância química presente na pele reage com a luz UV, levando à irritação ou a queimaduras na pele. Isso geralmente acontece quando a substância química é aplicada topicamente na pele e, em seguida, exposta à luz solar. Um exemplo comum é o uso de certos produtos, como alguns tipos de loções, perfumes ou medicamentos tópicos, que contêm substâncias fotossensíveis. A fototoxicidade é previsível e ocorre em qualquer pessoa exposta à substância química e à luz UV. Os sintomas incluem vermelhidão, bolhas e queimaduras na área exposta.

Por sua vez, a fotoalergia envolve uma reação alérgica da pele à exposição à luz UV, desencadeada por uma reação do sistema imunológico da pessoa a uma substância química específica. Isso significa que a pessoa deve ser sensibilizada anteriormente à substância para que a reação ocorra. Substâncias que podem causar fotoalergia incluem certos produtos cosméticos ou medicamentos. Os sintomas podem ser semelhantes aos da fototoxicidade, mas também podem incluir coceira e erupções cutâneas.

A prevenção da fototoxicidade envolve evitar a exposição direta ao sol após a aplicação de produtos fotossensíveis ou o uso de proteção solar adequada. No caso da fotoalergia, a prevenção requer evitar o contato com a substância desencadeante. O tratamento para ambas as condições pode incluir o uso de cremes tópicos para o alívio dos sintomas, como anti-inflamatórios e anti-histamínicos, mas, em casos graves, a consulta a um profissional de saúde pode ser necessária. Em geral, a diferenciação entre fototoxicidade e fotoalergia é fundamental para determinar a causa das reações cutâneas e implementar as medidas adequadas de prevenção e tratamento.

3.
a) Reações químicas
b) pH
c) Polaridade
d) Solubilidade
e) Equilíbrio químico

4. Base ou veículo: esse é o componente principal da formulação e serve como matriz para os outros ingredientes. Pode ser loção, creme, gel, óleo, entre outros, e sua escolha influencia a textura e a aplicação do produto.

Ingredientes ativos: são os componentes que proporcionam os principais benefícios do produto, como hidratação, proteção solar, clareamento ou antienvelhecimento. A escolha dos ingredientes ativos é essencial para o objetivo do produto.

Emolientes: esses componentes fornecem suavidade e maciez à pele, tornando a aplicação agradável. Óleos vegetais, manteigas e silicones são exemplos de emolientes.

Conservantes: são cruciais para a estabilidade e a segurança dos produtos, prevenindo o crescimento de microrganismos. Parabenos, fenóis e álcoois são frequentemente utilizados.

Fragrâncias: contribuem para a experiência sensorial, tornando o produto agradável de se usar. As fragrâncias podem ser naturais ou sintéticas e variam de acordo com o tipo de produto.

Corantes e pigmentos: são usados para conferir cor aos produtos, como maquiagem e esmaltes. A escolha de corantes deve ser segura e apropriada para o uso na pele.

5. Afirmação 1 – F: Tensoativos e emulsionantes são relacionados, mas não são a mesma coisa. Os tensoativos, também conhecidos como *surfactantes*, são substâncias químicas que têm a capacidade de reduzir a tensão superficial entre dois líquidos ou entre um líquido e um sólido. Eles podem ser usados para criar emulsões, mas também têm muitos outros usos, como agentes de limpeza e detergentes.

Os emulsionantes são uma subclasse de tensoativos especificamente projetada para estabilizar emulsões, que são misturas de líquidos imiscíveis, como água e óleo. Os emulsionantes ajudam a manter as fases separadas em uma emulsão misturadas de forma homogênea e estável, evitando que se separem. Portanto, enquanto todos os emulsionantes são tensoativos, nem todos os tensoativos são emulsionantes.

Afirmação 2 – V: Emulsionantes são fundamentais na preparação de produtos alimentares, como maionese e molhos para salada, em que ingredientes líquidos (como óleo) e ingredientes aquosos (como vinagre) precisam ser mantidos em uma mistura estável. Os emulsionantes ajudam a evitar que esses ingredientes se separem, permitindo a criação de uma mistura homogênea e consistente.

Atividades de aprendizagem

Questões para reflexão

1. Regulamentações rigorosas garantem que os cosméticos que usamos sejam seguros. Considerar essas regulamentações ajuda a confiar nos produtos selecionados.

2. Conhecer os principais testes laboratoriais para a segurança dos cosméticos pode nos tornar consumidores mais críticos e consciente.

   Os testes laboratoriais para a segurança dos cosméticos não são apenas uma formalidade, mas uma garantia de qualidade. A resposta exige uma reflexão sobre como essa garantia influencia a percepção e o uso dos produtos cosméticos.

Capítulo 3

Atividades de autoavaliação

1. c

   Explicação: a pele é composta por três camadas principais: a epiderme (que inclui as subcamadas córnea, espinhosa e granulosa), a derme (onde estão localizados os vasos sanguíneos e as terminações nervosas) e a hipoderme (que contém células de gordura). A derme é responsável pela produção de melanina, enquanto a hipoderme é composta principalmente por melanócitos.

2. c

   Explicação: a renovação da epiderme é um processo contínuo que envolve a constante produção de novas células na camada basal da epiderme. Essas células se movem em direção à camada granulosa, onde se diferenciam e acumulam queratina. Finalmente, as células maduras, ricas em queratina, formam a camada córnea e são descamadas da superfície da pele. Esse processo é essencial para manter a integridade e a função da barreira cutânea da pele. A exposição à luz solar também pode afetar o processo de renovação da epiderme.

3. A derme é a camada intermediária da pele, localizada entre a epiderme (camada externa) e a hipoderme (camada mais profunda). Ela é uma parte essencial da anatomia da pele e desempenha várias funções importantes. A composição da derme inclui:

Fibras de colágeno: o colágeno é uma proteína estrutural abundante na derme. Ele fornece resistência e elasticidade à pele, ajudando a mantê-la firme e suportando a epiderme.

Fibras elásticas: conferem à pele a capacidade de se esticar e retornar à sua forma original. Isso é importante para a flexibilidade da pele.

Vasos sanguíneos: a derme é ricamente vascularizada, o que significa que contém uma rede de vasos sanguíneos. Esses vasos fornecem sangue, oxigênio e nutrientes para a pele, contribuindo para a sua saúde e a regulação da temperatura corporal.

Folículos pilosos: estão enraizados na derme e são responsáveis pelo crescimento dos pelos. Atuam na regulação da temperatura, pois podem eriçar-se para reter o calor ou deitar-se para liberar o calor do corpo.

Glândulas sebáceas e sudoríparas: as glândulas sebáceas produzem sebo, uma substância oleosa que lubrifica a pele e o cabelo. As glândulas sudoríparas produzem suor, que ajuda na regulação da temperatura.

A derme trabalha na integridade da pele, na regulação da temperatura corporal e na prevenção da desidratação. À medida que envelhecemos, ocorrem alterações na derme, como a redução da produção de colágeno e elastina, o que contribui para o desenvolvimento de rugas e a perda de elasticidade da pele. Portanto, cuidar da saúde da derme é essencial para manter uma pele saudável e jovem.

4. c

Explicação: a pele não é uma barreira impenetrável. Ela atua como uma barreira seletiva, permitindo a absorção de algumas substâncias, principalmente aquelas que são lipossolúveis (solúveis em gordura). A absorção ocorre principalmente na epiderme, mas substâncias podem penetrar nas camadas mais profundas da derme. Esse processo é influenciado pela formulação dos produtos aplicados na pele e pela integridade da barreira cutânea.

5. A identificação e a avaliação do tipo de pele são fundamentais para a escolha adequada de produtos de cuidados com a pele. Os principais passos e critérios para essa avaliação incluem:

Limpeza da pele: o primeiro passo envolve limpar suavemente a pele para remover qualquer maquiagem, sujeira e oleosidade. A pele deve ser deixada sem produtos por algumas horas antes da avaliação.

Observação visual: a avaliação começa com uma observação visual da pele. Os principais fatores a serem observados incluem:

Nível de oleosidade: determine se a pele parece oleosa, seca ou equilibrada. A oleosidade excessiva na zona T (testa, nariz e queixo) sugere pele oleosa, enquanto áreas secas ou descamação podem indicar pele seca.

Poros: avalie o tamanho e a visibilidade dos poros. Poros dilatados podem ser indicativos de pele oleosa.

Textura da pele: observe a textura geral da pele, como rugosidade, aspereza ou suavidade.

Sensibilidade: procure sinais de vermelhidão, irritação ou sensibilidade, que podem indicar uma pele sensível.

Toque e sensação: toque a pele para avaliar sua umidade, firmeza e elasticidade. A pele seca pode parecer áspera e desidratada, enquanto a pele oleosa pode parecer pegajosa ou gordurosa.

Atividades de aprendizagem

Questões para reflexão

1. A pele é uma barreira vital contra patógenos e poluentes; cuidar dela é essencial para a saúde geral.

2. A exposição solar sem proteção pode causar danos significativos à pele, incluindo envelhecimento precoce e o aumento do risco de câncer de pele.

3. Produtos cosméticos formulados para cada tipo de pele podem melhorar significativamente sua aparência e saúde.

Capítulo 4

Atividades de autoavaliação

1. a

   Explicação: a radiação ultravioleta (UV), especialmente a UVB e a UVA, é mais conhecida por causar danos à pele, levando ao envelhecimento prematuro da pele, à formação de rugas, à perda de elasticidade e à hiperpigmentação. A radiação visível geralmente não causa esses efeitos, embora a infravermelha possa contribuir para a sensação de calor e aquecimento da pele.

2. A radiação ultravioleta (UV) consiste em diferentes comprimentos de onda, e os principais tipos são UVA, UVB e UVC.

   Os raios UVA têm comprimentos de onda mais longos e são conhecidos como *raios envelhecedores*. Eles podem penetrar profundamente na pele e causar danos ao colágeno e à elastina, resultando em rugas, envelhecimento prematuro e hiperpigmentação.

   Os raios UVB têm comprimentos de onda mais curtos e são responsáveis por causar queimaduras solares e danos à superfície da pele. Eles também são responsáveis pela formação de câncer de pele e pelo aumento do risco de melanoma.

   Os raios UVC são extremamente perigosos, mas a maioria é absorvida pela atmosfera e não chega à superfície da Terra. No entanto, a exposição a fontes artificiais de UVC, como lâmpadas germicidas, pode ser prejudicial à pele.

A exposição à radiação UV pode causar uma série de danos à pele, incluindo queimaduras, envelhecimento prematuro, hiperpigmentação e aumento do risco de câncer de pele. Portanto, a proteção contra a radiação UV é de extrema importância.

3. V, F, V.

   Explicação: a afirmação "A produção de colágeno e elastina na pele é influenciada por hormônios sexuais masculinos" é falsa. Na verdade, a produção de colágeno e elastina na pele é influenciada principalmente pelos hormônios sexuais femininos, como o estrogênio, que atua na manutenção da elasticidade e firmeza da pele. Com o envelhecimento, a diminuição dos níveis de estrogênio nas mulheres pode levar à diminuição da produção de colágeno e elastina, resultando em rugas e flacidez da pele. Portanto, o equilíbrio hormonal afeta a saúde e a aparência da pele, e as mudanças hormonais ao longo da vida, como a menopausa, podem afetar significativamente a qualidade da pele.

4. d

   Explicação: durante a puberdade, geralmente ocorre um aumento na produção de sebo, o que pode resultar em pele oleosa e desenvolvimento de acne. Ao contrário, o envelhecimento da pele está associado à diminuição na produção de colágeno e elastina, o que leva à perda de elasticidade e firmeza da pele, bem como ao aparecimento de rugas e flacidez.

5. O tabagismo tem diversos efeitos prejudiciais na saúde da pele. Fumar pode contribuir para o envelhecimento precoce da pele de várias maneiras. A fumaça do cigarro contém substâncias

químicas que prejudicam a circulação sanguínea na pele, reduzindo o suprimento de oxigênio e nutrientes, o que pode resultar em uma pele opaca e sem brilho e no envelhecimento prematuro. Além disso, o tabagismo está associado ao aumento da degradação do colágeno e da elastina, que são essenciais para a firmeza e a elasticidade da pele. Isso leva ao desenvolvimento de rugas e linhas de expressão mais cedo do que o normal. O tabagismo também pode agravar condições cutâneas, como acne e psoríase, em virtude da inflamação crônica induzida pelo tabaco. Em resumo, o tabagismo tem um impacto negativo significativo na saúde da pele, contribuindo para o envelhecimento precoce, a perda de elasticidade e a piora de condições cutâneas. Parar de fumar é uma das melhores medidas que alguém pode tomar para melhorar a saúde e a aparência da pele.

Atividades de aprendizagem

Questões para reflexão

1. O estilo de vida, incluindo níveis de estresse, hábitos alimentares e práticas de exercício, tem um impacto direto na saúde da pele. Avaliar e ajustar essas áreas pode resultar em melhorias significativas na aparência e na saúde cutânea.

2. A barreira cutânea atua na prevenção da perda de água e na proteção contra patógenos. Refletir sobre os cuidados que você tem com sua pele pode ajudar a entender melhor a importância de uma rotina de cuidados adequada.

Capítulo 5

Atividades de autoavaliação

1. c

    Explicação: o ácido hialurônico é uma substância naturalmente presente no corpo humano e que age na hidratação e na manutenção do volume da pele. Esse componente é frequentemente utilizado em procedimentos estéticos, como preenchimento dérmico, para suavizar rugas e linhas de expressão, restaurando a plenitude da pele. Também é empregado em produtos para cuidados com a pele graças às suas propriedades hidratantes, mas seu uso primário em procedimentos estéticos é o preenchimento de áreas da face para melhorar a aparência.

2. c

    Explicação: na pele, a cafeína atua como um vasoconstritor, o que significa que ela faz com que os vasos sanguíneos cutâneos se contraiam, reduzindo seu diâmetro. Isso pode levar a uma redução temporária do fluxo sanguíneo na pele, resultando em uma possível diminuição na vermelhidão e no inchaço. Portanto, produtos tópicos que contêm cafeína são frequentemente usados para reduzir temporariamente a aparência de olheiras e o inchaço na área dos olhos, por exemplo.

3. c

    Explicação: o ácido salicílico é comumente usado no tratamento de várias condições de pele, incluindo acne, verrugas, calosidades e outras desordens cutâneas. Ele atua como um queratolítico, ajudando a esfoliar as camadas superiores da pele e desobstruir os poros, o que é benéfico no tratamento da acne. Além disso, ele é eficaz no tratamento de verrugas comuns e plantares, bem como no amolecimento de calosidades.

4. A pele facial é geralmente mais fina, sensível e propensa a rugas, enquanto a pele do corpo é mais espessa e resistente. Os cuidados com a pele facial frequentemente envolvem produtos mais delicados e proteção solar constante, enquanto a pele do corpo pode exigir mais hidratação e atenção às áreas de maior atrito, como cotovelos e joelhos.

5. A manteiga de *karité* é um produto natural com propriedades hidratantes, nutritivas e antioxidantes. Ela é amplamente utilizada para suavizar e hidratar a pele, além de proteger contra o ressecamento. Também é benéfica para o cabelo, proporcionando brilho e controle do *frizz*. Além disso, tem propriedades anti-inflamatórias e é frequentemente usada no tratamento de condições de pele, como eczema.

Atividades de aprendizagem

Questões para reflexão

1. Os alfa-hidroxiácidos (AHAs) ajudam a esfoliar a pele e melhorar sua textura. Identificar os produtos que contêm esses ativos e observar seus efeitos pode proporcionar uma pele mais lisa e uniforme.

2. O retinol é conhecido por reduzir rugas e estimular a renovação celular. Usando-se regularmente esse ativo, é possível notar melhorias significativas na textura e na aparência da pele.

Capítulo 6

Atividades de autoavaliação

1. c

    Explicação: a umidade relativa do ar baixa é um fator importante que contribui significativamente para a perda de água transepidermal (TEWL). Em condições de baixa umidade, o ar tende a "sugar" a umidade da pele, levando à perda de água transepidermal e à desidratação da pele. A aplicação de produtos hidratantes pode ajudar a minimizar essa perda e manter a pele hidratada, mas a umidade relativa do ar é crucial nesse processo.

2. b

    A hidratação da pele ajuda a reforçar a barreira cutânea, retendo a umidade e prevenindo a perda excessiva de água. Isso, por sua vez, alivia a pele seca e reduz a coceira e a irritação, promovendo uma pele mais saudável e confortável.

3. b

    Explicação: neurocosméticos são produtos de cuidados com a pele formulados para influenciar os neurotransmissores e a função neural da pele, a fim de melhorar sua saúde e aparência. Eles são projetados para abordar não apenas os aspectos físicos, mas também os fatores neurológicos envolvidos na saúde da pele.

4. Os produtos de maquiagem têm diversas finalidades, incluindo:

    Realçar a beleza: a maquiagem pode realçar os traços faciais, destacando olhos, lábios, maçãs do rosto e sobrancelhas, de modo a melhorar a aparência estética.

Corrigir imperfeições: produtos como corretivos e bases podem disfarçar manchas, acne, olheiras e outras imperfeições da pele.

Expressão individual: a maquiagem permite que as pessoas expressem sua individualidade e criem estilos pessoais únicos.

Confiança e autoestima: o uso de maquiagem pode aumentar a autoestima, ajudando as pessoas a se sentirem mais confiantes em sua aparência.

Transformação temporária: a maquiagem é uma ferramenta poderosa para criar transformações temporárias, como *looks* de festa, maquiagens artísticas e fantasias.

Cobertura de eventos especiais: é frequentemente usada em ocasiões especiais, como casamentos, formaturas e sessões de fotos.

Os produtos de maquiagem impactam a maneira como as pessoas se apresentam ao mundo e como se sentem consigo mesmas. Eles podem proporcionar um impulso na autoestima e permitir que as pessoas expressem sua criatividade e seu estilo pessoal. Além disso, podem ser usados para atender a diversas necessidades estéticas e de cobertura, tornando-se uma ferramenta versátil para muitas pessoas.

5. b

Explicação: o fator de proteção solar (FPS) indica a capacidade de um produto de proteção solar de bloquear a radiação ultravioleta tipo B (UVB). Os produtos de proteção solar também podem fornecer proteção contra a radiação ultravioleta tipo A (UVA), mas o FPS é específico para a proteção contra os raios

UVB, que são os principais responsáveis pelas queimaduras solares. Os produtos também podem ser classificados quanto à proteção UVA por meio de símbolos como PPD (*Persistent Pigment Darkening*) ou UVA com círculos concêntricos.

Atividades de aprendizagem

Questões para reflexão

1. Tratamentos capilares específicos podem fornecer soluções eficazes para problemas comuns, como queda de cabelo ou falta de brilho.

2. A limpeza facial adequada é fundamental para manter a pele saudável e livre de impurezas. Usar limpadores faciais apropriados para cada tipo de pele pode prevenir problemas como acne e oleosidade excessiva.

Sobre o autor

George Hideki Rossini Sakae é doutor em Ciências – Química, na área de Síntese Orgânica (2016), pela Universidade de São Paulo (USP); mestre em Química, na área de Química de Polímeros (2012), pela UFPR; licenciado e bacharel em Química (2009) também pela UFPR. Tem pós-doutorado na área de Eletroquímica, Tintas e Corrosão (2017) pela Universidade Federal do Paraná (UFPR). Atua como docente desde 2016, tendo sido professor PSS da Secretaria de Estado da Educação do Paraná (Seed/PR), docente colaborador da UFPR e professor visitante na Universidade Federal da Integração Latino-Americana (Unila). Desde 2019, é docente permanente no Mestrado Profissional em Química em Rede Nacional (Profqui) na UFPR, tendo orientado e coorientado mais de dez alunos e integrado diversas bancas de qualificação e de defesa. Já participou da elaboração de livros e capítulos de livros tanto de química quanto de temáticas transversais, como ciências para crianças e química e meio ambiente.

Impressão:
Outubro/2024